# 越吃越瘦的秘密

## 66的魔法拼搭瘦身餐

周佳（66）著

THE SECRET OF
HEALTHY THIN

青岛出版集团 | 青岛出版社

**图书在版编目（CIP）数据**

越吃越瘦的秘密：66的魔法拼搭瘦身餐 / 周佳（66）
著. — 青岛：青岛出版社，2019.4
ISBN 978-7-5552-7313-4

Ⅰ.①越… Ⅱ.①周… Ⅲ.①减肥－食谱 Ⅳ.
①TS972.161

中国版本图书馆CIP数据核字(2018)第158189号

| | | |
|---|---|---|
| 书　　　名 | 越 吃 越 瘦 的 秘 密 ：6 6 的 魔 法 拼 搭 瘦 身 餐<br>YUECHI YUESHOU DE MIMI：66 DE MOFA PINDA SHOUSHENCAN | |
| 著　　　者 | 周　佳（66） | |
| 出 版 发 行 | 青岛出版社 | |
| 社　　　址 | 青岛市崂山区海尔路182号（266061） | |
| 本 社 网 址 | http://www.qdpub.com | |
| 邮 购 电 话 | 0532-68068091 | |
| 策 划 编 辑 | 周鸿媛 | |
| 特 邀 策 划 | 清唱成长训练营 | |
| 责 任 编 辑 | 王　宁　刘百玉　王　韵 | |
| 特 约 编 辑 | 孔晓南 | |
| 封 面 设 计 | 魏　铭 | |
| 装 帧 设 计 | 丁文娟　周　伟　徐世浩 | |
| 印　　　刷 | 青岛海蓝印刷有限责任公司 | |
| 出 版 日 期 | 2019年4月第1版　2024年3月第4次印刷 | |
| 开　　　本 | 16开（787毫米×1092毫米） | |
| 印　　　张 | 16.25 | |
| 字　　　数 | 200千 | |
| 图　　　数 | 160 | |
| 书　　　号 | ISBN 978-7-5552-7313-4 | |
| 定　　　价 | 58.00元 | |

编校印装质量、盗版监督服务电话：4006532017　0532-68068050

# 我嫌弃过 66

/ 艾小羊

　　我知道 66 这个人，是在《大武汉》杂志前主编张庆的微博上。张庆在我眼里，是一位生活品质极高、冰雪聪明、美而不自知的女性。因为她的推荐，又配上 66 工作室出品的、看着就能变美的甜点，加上被她的微博名"邪恶的 66"迷惑，我一直人为地将 66 的形象美化为我的另外一位朋友鹿包——甜美小巧，肤白胜雪，有着黑长直的头发和细如葱段的手指。

　　当后来有机会在 66 工作室见到她，我很不礼貌地当着她的面，问了两次："你就是 66 吗？" 66 穿一身胖子最爱色（黑色），头发鸟窝似的随手挽在脑后。现实生活里，能胖成渡边直美那样，像个吹气版的洋娃娃的女孩，实在少而又少。大多数普通人，一胖就凶，正所谓满脸横肉。

　　66 那时候给我的感觉就是这样——已经胖得不怎么会笑了。

　　她工作室的墙上贴着一张毛笔写的字：人在吃，秤在看。她跟我说，她已经减重 20 多公斤。我当时真的用尽文化人的洪荒之力，才没把白眼翻到天上去。

　　瘦了 20 多公斤的 66，依然是我认识的人里面，最胖的一个。

　　后来我的咖啡馆做一个旅拍沙龙，请 66 去讲课。做海报的时候，美编问我要不要放导师照片，我说放她拍的照片就行了。

　　上帝给你关上一扇门，就会打开另一扇门。66 因为自身形象所限，出门旅行很少为自己拍照，却是一个非常称职的摄影师，她的朋友都是白瘦美，在 66 讲究的镜头下，成了江汉路刘雯、光谷赵丽颖、武汉天地小宋佳。

　　那次活动特别成功。66 会讲，也有干货。然而，活动结束时，有两个女孩儿坐在边角的沙发里说："我终于知道她为什么不敢在海报上放自己的照片了，如果她放了自己的照片，我肯定不会来的。"

66 在不远处，被包围在提问的学员中，我不知道她有没有听到这两个女孩儿的对话。那一刻，我觉得世界实在残酷，尤其对女性来说，仅仅依靠内在美去征服别人，太难了。

那时候的 66，已经减重 30 多公斤，但因为体重基数太大，在旁人眼里还是个胖子。那次活动，她特意把妈妈也带来了。看了她这个书稿，我终于明白为什么了。66 大约是想让妈妈放心，她终于打破肥胖后的自闭，随着体重的下降，敢于直面更多的人。

没胖过的人可能不太理解。胖，其实是一种生活方式。它会让一个人自暴自弃，疏于社交。摆在她面前的生活太难了，只能抱着一桶薯片躲在沙发上，以逃避并不友好的现实。所以，英文有一个单词：Couch potato( 沙发土豆 )，用来形容有自闭倾向的胖子。

相对应地，瘦也是一种生活方式。

从第一次见 66 到现在，她的体重变了，容貌变了，生活方式也变了。

首先，她开始穿有颜色的衣服；其次，她不再惧怕人群，敢在微博和朋友圈发自拍了；最重要的是，她开始会笑了，皮肤上的痘痘没有了，毛孔也变小了。

从 66 的变化中，我第一次发现：胖，竟然能让一个人脸上的毛孔变大，可能连毛孔都要努力扩张，以便排出更多的油脂。

很多次，我们谈工作，到了晚上 11 点，66 一定会说："小羊姐，我们睡吧，睡太晚容易长胖。"

我们认识三年多，从没在一起吃过饭。因为大家一起吃饭，必定要下馆子，而 66 如果不是逼不得已，都会回家吃减脂餐。

经常有人说，别给我喂鸡汤了，这世界很丧，你努力其实也没什么用。

但在 66 身上，我看到，只要你努力，一定有用。所谓努力也没什么用，要么是努力不够，要么是把目标定得过于高远。

在新闻密时代，女人之间的互相帮助，首先缘于欣赏。我非常欣赏 66 的自律，在我看来，她就是一碗行走的鸡汤，但她永远踏踏实实地教学员减肥减脂的干货，从不熬鸡精水喂人。

我女儿有本书叫《花婆婆》。艾丽丝的爷爷告诉她，人的一生要做三件事：去遥远的地方旅行，住在有海的地方，做一件让世界变美的事。

女孩儿长大后，很快完成了前面两件，第三件事却让她犯难。直到有一年春天，她无意中撒下的花籽发芽长大，开出了美丽的花。整个夏天，艾丽丝口袋里装满花籽，走到哪里撒到哪里。第二年春天，岛上开满鲜花，人们亲切地叫她"花婆婆"。

每个女孩儿，成长为女人后，都应该去做一件让世界变美的事。66 的课程和她的这本书，就是这样的事。

迄今为止，我的平台已经与 66 合作了四期减脂健康课，累计销售 10 万份，造福了许多想减肥却因为方法错误、屡减屡胖的学员。而这本书，是 66 独创的"健康吃瘦"减脂法首次出版成书。无论你高矮胖瘦，当你打开它，你的世界将变得更美。因为它不仅是一本减肥书，更是可以受用一生的健康书。

病从口入，学会健康地吃，你会瘦，会美，会少生病，会成为更好的自己。

愿这本书，让更美的你，遇到更美好的一切。

2018 年 7 月

艾小羊

畅销书作家，知名媒体人
女性成长平台"清唱成长训练营"创始人

个人微信公众号 | 我是艾小羊
微博 | 有个艾小羊

# 把减脂当事业的人，都有相似的气场

/ 减阿姨

　　我跟 66 的相识很奇妙。

　　说来非常有缘，虽然我们两个人都从事健康减脂的事业，却是在旅行中认识的。2017 年年初，我自由行去新西兰，因为报了当地的跳伞和海钓项目，进了一个"驴友群"，群里都是在新西兰搭伴租车或者包船出海的中国游客。当时 66 的旅拍引起了我的注意，她拍的照片都超级美（后来才知道 66 还是个旅行摄影师），最重要的是很多照片是用新西兰本地食材做的精致的健康早餐。我太喜欢这些照片了，就加了 66 的微信，没想到这一聊，才知道她也在关注我们的自媒体账号，还约我去她们租的民宿一起住，吃她做的早餐。虽然因为行程不同，没来得及在新西兰见面，不过适逢新春佳节，这种他乡遇知音的感动让我到现在都难以忘怀。

　　回国之后，我们获得 66 的授权，在"减脂餐"微信公众号上转载了 66 新西兰之行的旅行减脂早餐——"早安，新西兰！"，获得了特别多粉丝的关注。

2018 年 4 月，我参加了武汉马拉松，终于在 66 的工作室跟她正式见面。看到她本人，真的不敢相信眼前这个姑娘就是两年前照片里那个圆滚滚的"胖阿姨"，比在新西兰时照片中的她，更美更有气质了。

不知道你们信不信，减肥这件事，不仅仅能改变一个人的样貌，更是令人由内而外地脱胎换骨。听 66 聊起她减肥的心路历程，了解到她通过身材的恢复，逐渐找回人生自主权，我真的替她开心。

"三分练七分吃""管住嘴迈开腿"，这些都是大家知道的道理。我和 66 都是健康饮食的崇尚者，我们了解什么样的东西美味又不会胖，我们懂得怎样通过饮食来控制自己的身形和体重，我们能够区分什么食物是"胃"需要，什么食物是"心"需要。

66，就像我减脂路上的知己。我们互相交流，互相鼓励，我甚至还经常收到她快递来的健康又好吃的食物，有些是她亲手做的，有些则是她旅行带回来的异域健康美食。

当我知道 66 终于要把她成功的减肥经验以及自己多年来攒下的健康食谱出版成册时，我真的替她高兴，也很痛快地答应为她这本书写序。第一次给朋友的书写序，感觉更像是给一位好友写信，或像是在跟朋友们真诚地介绍我欣赏的 66。我知道国内大部分人都还在用节食的方法来减肥，这不仅不能成功，反而容易导致暴饮暴食甚至严重影响身体健康。感谢 66 的慷慨分享，也感激为此书付出了辛苦劳动的出版社同仁，希望这本书能够帮助更多的人用正确的方法成功减肥，养成科学健康的习惯，并受益终生。

2018 年 7 月 27 日

减阿姨

健康营养领域百万粉丝自媒体——"减脂餐"创始人
个人微信公众号 | 减脂餐

# 吃瘦是我的人生理想

现在的我在法国科尔马小镇，已经在欧洲待了快 1 个月，处于半工作半旅行的状态，每天都很忙碌，连跑步都要见缝插针。我随身带了一盒卷尺，相对于称体重，我更喜欢看围度的变化。旅行期间的饮食原则相对宽松，我会吃巧克力或者奶酪这样高热量的食物，但是我的围度并没有增加，还有持续减少的趋势。大家可能会奇怪，为什么我吃了高热量的食物，体重还会减少呢？

在外旅行或者工作的时候，不像在家里可以将时间安排得比较有规律。所以我会给自己定一个吃高热量食物的时间段，并且保证余下的时间里有足够的工作或者运动将其消耗掉。如果说某一天大部分时间都是在开车，那我会避免吃高热量的食物，因为开车相当于久坐不动。如果一天下来已经非常累了，没有精力再去跑步，我会给自己定一个 12000 步的底线，也就是说每天至少要有这样的保底运动量。运动带来的能量消耗是有限的，还有一个秘诀分享给大家，就是每天过了下午 4 点我不会再吃任何食物，除了喝水。这种方法未必适合每一个人，我只是在长时间外出的时候会这样做。

现在的我看到任何一种食物都会条件反射地先评估它的热量和营养密度，像油炸食物、甜点、奶油这样的热量炸弹我是几乎不碰的。奶酪的热量虽然也高，但是它的营养密度很高，一次也很难吃掉很多，只要能保证一天的总热量摄入不超，再配合一个保底的运动量，这样每天都可以给身体带来热量差，就不会胖。

懂得怎么吃了之后，面对食材时会觉得很亲切，因为了解它们。

曾经我作为一个胖子，很辛苦。这种苦，只有胖子可以理解。普通人会觉得，胖是可以减的，瘦不下来是因为意志力薄弱，怪不得别人，所以胖也是一种自我管理差的表现。多少次我梦想着能像《新白娘子传奇》里的胡媚娘那样，对着白素贞的画像转个圈圈就能获得美貌，这让我付出什么样的代价我都愿意，唯独却不愿意少吃。和大部分人一样，那时候让我少吃一口，我都是不乐意的。

　　白日梦，想一想可以，真正能改变自己的人只有自己。减肥为什么很难？因为人性本来就是好逸恶劳的。虽然爱美是人的天性，但是追求任何美好事物的过程都不容易。因为肥胖，我遭受过很多不公平的待遇，很多胖胖也都有过类似的经历吧？每次心里都会暗暗地想"如果老娘瘦下来的话……"，但在面对美食的瞬间，这些又都会被抛至脑后。说到底，终归还是吃的问题，是不是减肥就一定要少吃？显然不是的，如果你吃合适的食物，使用正确的烹饪方式，可以顿顿吃到饱的。

　　这本书里记录了我详细的减肥过程以及亲自研发的 70 多道减肥食谱，你可以看到肥胖时候的我心理上的挣扎，如何下定决心开始减肥以及如何一步步实现瘦身目标的。如果找对了方法，减肥这件事情其实并没有那么痛苦，这是我走了很多弯路，几乎尝试了市面上所有减肥方法后得出的结论。面对一些高热量的美食，不要一味地暗示自己"不能吃"，这样长期下去心态会不平衡，这种心态上的不平衡会让你坚持得很辛苦，并且渐渐丧失理智。

　　我在健身房运动的时候，经常会听见很多人问私教一些关于饮食方面的问题。我发现健身房里的大部分人分不清什么是碳水化合物，什么是脂肪，哪种饮食更容易热量超标，大家对饮食的热量几乎没有什么概念，只知道要少吃米饭，多吃沙拉。而且大家喜欢问的也大多具体到某种菜或者某种小吃能不能吃，希望得到的回答也只是"可以"或者"不可以"。或许这就是成年人的思维方式，更在意结果，少了一些小朋友喜欢问的"为什么"。

　　食欲是生理需求，在欲望金字塔中处于最底层，这也代表了食欲是最容易满足的一种需求。除了一日三餐，我们还需要喝水，还可能会有加餐，饮食和我们的关系是密不可分的，我想传递给大家的是一种可以持续减脂的健康的生活方式，而不仅仅是让大家单纯地照着我的食谱吃。

　　听到"改变"，大家往往都会比较排斥，我就是喜欢吃辣，我就是喜欢重口味，这可怎么办？胖着的人有很多，有的人可以胖得很自信，有的人可以胖得无所谓，但是有些人却胖得很自卑，我就是其中一个。如果你有兴趣，就来看看我的故事吧。

66

2018 年 7 月于法国科尔马

# 目录

## 第四章　74道易学减脂餐：这样吃，就能瘦！

## 营养多多不长肉的减脂午餐

## 既可以作早餐，也可以作午餐

# 第一章

我的人生，
是破罐子破摔还是触底反弹？

# 从小就胖，
## 不是遗传，是妈妈的溺爱

　　7岁之前的我很瘦，妈妈怕我营养不良，每天跟在我屁股后面喂饭。我呢，也不挑食，来者不拒，妈妈喂多少我就吃多少。上学前班的时候，我一顿饭就可以吃下2袋泡面外加2个鸡蛋。

　　我大概是从7岁开始发胖的，以每年5公斤的速度增加。体重增加的同时，我的身高也跟着长，妈妈总觉得我在长身体，没有意识到要让我控制体重，更没有帮我养成良好的饮食习惯，导致我喜欢吃主食和高糖高油的食物，很少吃青菜。

　　初一那年，我一下子蹿到164cm，体重也突破50公斤。妈妈还是抱着"女大十八变"的想法，觉得我再大一些就会"抽条"变瘦。但那个时候的我，已经是同学中的"大胃王"了，每天早上在家吃不饱，上学的路上还要偷偷买碗热干面吃。

　　到初三中考考体育的时候，我实在跑不动了，妈妈才意识到我需要控制饮食。但习惯了溺爱的妈妈却一边说着要我控制饮食，一边还担心我饿着，变着花样给我做好吃的。

　　▶
妈妈说，这是当时因为没有得到我想要的零食而生气的我。

我不是基因型肥胖。妈妈一直不胖，爸爸是中年发福，因为应酬多吃胖的。我应该就是俗称的那种"从小把胃撑大"的孩子，永远吃 10 分饱，肚子饱了嘴还馋，慢慢就成了"大胃王"。初三快毕业时，父母逼我运动减肥，我很反感，想尽各种办法偷懒，关键原因是我根本动不了，在操场上跑个步，全校男生都来围观我、嘲笑我。

这个世界对胖子非常的残酷，谁胖谁知道。但我父母到这时候，还是天真地认为，我正在长身体，稍微动动就能瘦，不用控制饮食。

高考前的半年，大概是妈妈母爱最泛滥的一年吧！越是临近高考，越是要让我吃得好，几乎到了我想吃什么，第二天就能满足的地步。我的第一个体重巅峰就是在高考前达到的。高考结束后我就没怎么在家里吃过午饭，所以重油重盐、毫无节制的饮食方式告一段落，加上年轻代谢快，虽然没有刻意减肥，但水肿导致的体重剧增很快就消耗掉了。

我不太吃零食也不太吃甜品，我的胖全部都是用饭和菜堆出来的。印象中，小时候家里为了炒菜好吃，用的都是猪油。每到过年，我们家都会包猪油渣粉条包子，父母边包边蒸，我就在旁边等着刚出炉的包子，一口气可以吃三四个。用肥猪肉炼出的猪油炒的菜，我一个人可以吃三五盘，以致大学期间，我经常要点两三人的菜量才够吃。

现在想想我的前半生，赚的钱大概都花在吃上了！

上大学离开家以后，妈妈依然没有停止对我的溺爱，一个学期会来学校看我两三次。学校离家的车程只有 3 个小时，妈妈每次来学校，带的都是吃的，甚至还研究出一些下面装冰、上面放食物的器皿。大学寝室里没有冰箱，我又喜欢吃鱼，妈妈带来的都是腌制鱼肉、鸭肉，因为这些深加工后的食物比较方便储存。

现在看来，长胖这件事情的最大原因，就是妈妈对我的溺爱。

# 既然美是那么遥远，
# 不如还是吃吧！

　　我也想变漂亮，但控制饮食对我来说，好像使人生失去了意义。我太爱吃了，厨艺是离家上学后练出来的，因为喜欢家里的味道，下馆子又贵，就学着自己做。要知道，爱吃的人厨艺一般都不会差。

　　有一年搬家，要从长江的北边搬到南边。武汉本来就大，我从早晨一直折腾到深夜，搬到新家的第一件事就是把排骨汤炖上，等忙到夜里终于有地方可以坐下来的时候，一大锅肉汤进了肚，才觉得忙了一天的自己没被亏待。

　　女生都想对自己好一点，有人是买新衣服，有人是买新包包，有人是买新口红，我是大口吃肉。因为过高的体重和这种很不像女生的嗜好，一直到大学我都没谈过恋爱，也从没享受过被追求的感觉。

　　不知道大家是否有这样一种心态：如果目标很近，我们更容易朝目标去冲刺；如果目标很遥远，我们虽然也会想要努力实现，但是没过几天，当发现目标离现实过于遥远时，就开始倦怠，很快把目标抛到脑后，恢复常态。

　　我有几个要好的朋友，都问过我同样的问题："你是怎么允许自己吃到137公斤的？"

　　在选择健康减肥的这2年中，我也接触到很多并不胖的女孩儿要减肥的案例。她们会给自己的体重定一个警戒线，一旦触碰，就算是节食也会让体重降下来，而她们关心的体重秤上每天上下浮动的数字，其实并不是真正的脂肪增长，大多是水分，饿几天基本就会掉下来。

　　如果一个人热爱称体重，是不会太胖的。但胖子就不一样了，所有的胖子都有一个习惯：讨厌称重，拒绝面对体重秤上那个残酷的数字。

　　对于从小就发胖的我来说，每年胖5公斤似乎已经成为一种习惯。如果瘦到理想体重的心情堪比"面朝大海"，那么自卑的我就仿佛生活在深山里的留守儿童，觉得看大海这件事如此遥遥无期，偶尔想象一下还好，一想到要爬过万重高山才能看见大海，就懒得动，而这"懒"字却是肥胖的好朋友。

"爱美"对我来说很遥远，但是"吃"可以立刻满足我。

从心理学上说，人都比较容易选择即时满足的感觉。满足感是一种可以令人感到愉悦和幸福的、强烈的、美好的、积极的感受，而大吃一顿就是一种不需要花费精力和时间成本的即时满足。

但变美就不一样了。对于胖子来说，变美既需要控制自己的欲望，还要花时间和精力去改变自己。虽然变美也让人快乐，但想一想都觉得辛苦。

在吃好和变美这两种满足感之间，我会不自觉地选择容易的那个。每当我胡吃海喝的时候，看到身材好的人经过，也会像被雷劈了一样，内心难过自卑。

但接下来就会逃避，不想面对这样的问题，只有继续沦陷在美食的海洋里，心情才能好那么一点点。

在内心深处，我会不自觉地给自己设置这样的障碍：如果你不享受美食，也瘦不来怎么办？

那么，还是吃吧……

◀ 我的体重曾达到 136.5 公斤。

# 年年减肥，年年肥

　　谁都不是天生的胖子，谁都不想一直当个胖子。每个胖子的人生轨迹都经历了减肥，复胖，再减肥，再复胖的循环。那些说"我再也不减肥"的胖子，他们的倔强后面，隐藏着一次又一次对于命运和自己的失望。

　　我从初三毕业后，开始正式踏上减肥之旅。我亲爱的妈妈终于意识到自己的女儿并不是可爱的 babyfat（婴儿肥），肥胖不会伴随着长大而逐渐消失，她就是 fat（胖），没有 baby（婴儿）。

　　我妈开始关注各种减肥机构，每到暑假，就把我送去健身房、按摩馆、针灸减肥营等等。暑假的 2 个月，我可以减重 10 公斤，但是开学后，我又回到了正常的大吃大喝不运动的状态。高中课业负担重，高三连体育课都停了，根

◀
2006 年 8 月的我。
那时的我还无法预见残酷的未来，这是未来 8 年，我最瘦的一张照片。

本没时间运动，加上妈妈永远改不了担心我营养不够的习惯，我就一直处在"每逢假期瘦一瘦，一朝开学全报废"的恶性循环里。

大二暑假，针灸减肥让我对减肥这件事情彻底产生了反感。一想到现在这么辛苦，以后还是会复胖，我就特别焦躁。暑假即将结束的时候，我告诉妈妈："再让我减肥，我就去死。"至此，我结束了作为胖子的前半生——令人厌恶的减肥生活。

开学前一周，我一个人去了湘西。那时候感觉自己快被逼疯了，不明白命运为什么要让我变成一个胖子，没胖过的人可能不太明白这种感受。其实胖比丑更痛苦，长得丑可以怪基因、怪爹妈，长得胖全是你一个人的责任，同学、老师甚至路人都会向你投来鄙视的目光，就像现在很多人说的：胖，意味着一个人的人格缺陷——对自己没有要求，自律崩盘，才会放任自己一直胖下去。

刚刚 20 岁的我，无法反驳这个世界对于胖子的恶意，只能选择自暴自弃。

开学后，我天天去学校附近的夜市吃夜宵，不到半个月，假期减掉的体重又回来了。

如果仅仅是反弹到原始体重还好，不正确的减肥方式往往会给我们带来非常不愉悦的减肥体验，在结束这种痛苦的减肥过程后，很多人都会想要弥补一下自己。最开始的心态是浅尝辄止，但是一旦开始吃了，食欲就像洪水猛兽般，根本刹不住。

和减肥比起来，如何维持体重不再反弹才是重点。

脂肪就像海绵一样，减肥的过程就像是把吸饱水的海绵挤干，瘦是瘦了，但是一碰到水，就会迅速回到原来的样子，而且干枯的海绵吸水能力要大于本身就含水的海绵。

脂肪细胞是有记忆的，海绵在刚挤干水分的时候可以快速地再次吸收水分；如果海绵处于挤干并晾干的状态，吸收水分并恢复到原始的状态，可能需要点时间；如果把一块海绵挤干水分并且放置 5 年，它再碰到水，吸收得会更慢，也不容易再变回之前的样子。

　　后来学习了很多减肥知识，我才明白，我的"暑假减肥开学胖"，相当于把刚挤干的海绵又放进水里，脂肪细胞会快速生长，甚至比以前更加茁壮。

挤干并晾干后的海绵

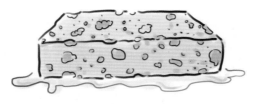

吸水后的海绵

# 胖子们的"至暗时刻"

从大学开始，我每年都会做全面的体检，发现自己的身体一年比一年问题多。20岁多一点的时候还没有太大的感觉，像轻度脂肪肝这样的病症还没有具体表现出来，也就不太在意。那个时候妈妈非常担心我会患高血压和糖尿病，也经常劝我减肥，可是年轻人啊，总是不知道怕，一直到尿酸飙升到800多，脚趾开始酸痛时，我才开始害怕。

后来我接触到的减肥学员当中，也有一些是因为身体已经出了问题，自己不知道，盲目减了一段时间后发现没有效果或者加重了病情，才去医院检查，但那时就非常被动了。

肥胖可以诱发各种疾病，比如月经不调。我一直都胖，所以月经周期从来没有规律过，体重超过100公斤后，开始闭经。但在我开始改变饮食结构，增加运动量之后的第一个月，月经就正常了。最近两年我一直详细记录月经周期，减肥的方式是否健康，观察月经周期是一个很好的判断方法。

肥胖的女生容易患多囊卵巢综合征，导致月经紊乱、脱发、皮脂溢出、不孕、阻塞性睡眠窒息，甚至抑郁症。

有些病症不会马上带来疼痛感，比如打鼾。我的体重超过90公斤时就出现了打鼾的症状，超过100公斤时鼾声很响，最严重的时候甚至出现过憋气现象，因为脂肪太多，让本来狭窄的喉咙几乎没有什么呼吸的空间。当我的体重减到80公斤左右时，打鼾的症状几乎消失；当我的体重继续下降，睡眠也越来越安静，呼吸变得非常平稳。

在我超过100公斤的时候，因为脖子上的肉太多，导致睡觉的时候下巴和脖子之间的肉会挤在一起。胖人本来就怕热，肉和肉挨在一起就更难受了。所以睡觉的时候我会把被子或者毯子掖在下巴下面。刚开始做这个举动时，我很悲伤，觉得做一个胖子太可怜了。这件事，我没和任何人讲过，连父母都不知道。

当我减肥减到脖子上的肉不再需要靠被子隔开的时候，我感动得想哭……

上图是我的下巴和脖子可以重新分开，各自感受新鲜空气的一个早上，我在手机备忘录中写下的几个字。那时候我就在想，如果有机会，我一定要把这个故事讲出来。

胖的时候我不喜欢逛街，最常听到的一句话就是"没有你的码"，我恨透了这句话。

偶尔陪朋友逛街，我都可以感觉到服装店店员嫌弃的目光。我的衣服不多，来来去去就是那么几套黑色的。我还记得曾经在买衣服的时候，试穿了好多套都觉得不好看，最后听到店员在小声嘟囔："本来就胖，靠衣服怎么显瘦？"

有时候和朋友说起曾经遇到的种种恶意，朋友总会不经意地感慨："你活得真不容易。"

是啊，作为一个胖子生活了 20 多年，以为自己对冷嘲热讽早已经麻木，其实心里没有一刻不在意、不难过。

我小学就要穿初中生的衣服，初中的时候要穿成年人的衣服，上了大学开始买男士的衣服，大学毕业后变得很难买到衣服……

后来有了网购，我需要把体重作为搜索的关键词来找衣服，找到的几乎都是"中老年"系列的衣服。第一次看到这几个字，自己都感到心酸。在 20 多年的人生中，衣服对我来说可能就只是衣服，款式、颜色、潮流，这一切都与我无关。

# 节食减肥只能带来短暂的成功，随之而来的却是恐怖的反弹

2008 年，大学刚毕业的时候，我喜欢上一个男生，对方非常优秀，我第一次有了特别想要减肥的动力。

因为想快速见效去追男神，我选了当时网络上非常流行的"21 天减肥法"。前三天是完全断食的状态，在家躺了三天，只喝水不敢动，下床上个厕所，人都是飘的，三天就瘦了 5.5 公斤。

第四天开始可以吃一些流食，为了见效更快，我还跑去游泳，这是我唯一喜欢的运动。第五天清晨，我感觉耳朵骤然疼痛，去医院检查，被告知患了急性中耳炎，应该是前三天的断食导致身体免疫力下降，后来游泳时耳朵进水引发的。

最后，我喜欢的那个男生要离开武汉，而我匆匆表白心意的结果也在意料之中。身体和心理双重受挫，减肥的事情也就这么搁置了，并且因为患过急性中耳炎，后来的五年我都没敢再下水，唯一喜欢的运动也废了。

你们听起来是不是觉得有点搞笑？但我说起来都是泪啊。

第二年，我看了一部偶像剧，里面演绎的美好爱情故事又让我春心萌动，于是再次决定减肥。我这次的策略是完全不吃大米、不吃肉（鸡鸭鱼、猪牛羊肉全部不吃），也不碰肉汤，主食只吃少许的粉或面，蔬菜吃到饱。用了一年时间，我从 120 公斤减到 95 公斤。开始的 20 公斤减得比较快，后面的 5 公斤已经开始消磨我的意志力了。因为基数大，所以我减掉 20 公斤的时候才开始有人说我明显瘦了。这是一年努力付出的成果，得到肯定的时候我非常开心。

然而，就在我信心满满，想要向下一个体重低点冲刺时，命运又开始戏弄我了。

我继续保持这样的饮食结构半年之久，体重却始终不再有变化。这种吃"草"

的饮食方法，几乎让我失去了活下去的乐趣，唯一支撑我的是体重秤上减少的数字，但整整半年，体重秤像坏了一样，再也不动了。

我开始觉得生无可恋，感觉自己的付出和得到完全不成正比。这时候，人的心理就会变得特别矛盾且脆弱。一开始减肥的冲劲几乎被消磨殆尽，靠意志力支撑着的决心也因为体重迟迟不变而动力不足。

人在努力和不努力时，心态是不一样的。在我很胖也不努力减肥的时候，别人嘲笑我，我至少能自我安慰，反正活得舒服就行，管别人怎么看呢；但我这么努力，还是个胖子，就觉得自己特别亏、特别委屈。尤其当亲戚朋友来我家，看到我吃"草"的时候，会一脸惊讶地说："你吃这么少怎么还这么胖？"这时候我真的特别嫌弃自己。

那时候的我也没什么健康减肥的概念，听风就是雨，谁说什么方法有用，我就去试试。虽然身体已经处于营养不足的虚胖状态，但是为了瘦，我还是强行增加运动，可即使这样，体重秤上的数字依然坚挺。

2011年，我开始慢慢恢复到正常饮食，只用了半年，体重就反弹到了初始的120公斤。那种心情真的很绝望，我默默告诉自己：再也不要减肥了，过不了正常人的生活，就过一个胖子的生活吧！

◀ 2012年4月，减肥后体重反弹的我。

再后来的几年里，我很少称体重了，工作内容也越来越偏向设计，不再去直接面对客户，加上又买了车，经常久坐不动。

熬夜对于设计师来说是家常便饭。三餐不稳定、经常加餐，我的体重在不知不觉中失去了控制。

2013年，和朋友一起去柬埔寨旅游的时候，看到照片里的自己，我真的特别绝望，没想到自己已经这么胖了。

◀ 2013年5月，在柬埔寨的我。

作为一个年轻的胖女孩，我没有男朋友，很少社交，只能寄情于工作。随着客单量的增加，工作压力的增大，那段时间的我饮食和睡眠大概是这样的：

吃完就坐到桌前画图，几乎没有运动，每天走路绝对不超过3000步。

3点： 睡觉；

11点： 起床；

13点： 1碗热干面、1笼包子、1瓶饮料；

17点： 3盘炒菜、2碗米饭；

22点： 20块钱的烤串、1份烤馍、2串鸡胗、1根火腿肠、1份烤羊排、2瓶饮料；

我有时也会吃肯德基：1个汉堡、4对烤鸡翅、2个蛋挞、1杯饮料。

有时候早上要见客户，我就不吃早饭，一直忙到下午5点下班。之后一个人点4份菜、2份米饭、2瓶饮料，回家边看电视边吃，吃完就"葛优躺"。

2015年，我上过一次秤，看着体重秤上的数字直逼150公斤，还没等体重数字稳定下来，我就像见到鬼一样跳了下来，把体重秤狠狠地塞回到床底下，再也不敢称了。

那个时候的我走在路上的回头率几乎是100%，时不时还会听见别人的小声议论。最尴尬的是坐电梯时碰到小朋友，一般都会听到小朋友对妈妈说："这个阿姨好胖啊！"

那时我乘坐公共交通工具时容易被当成孕妇，更夸张的是有次记者来工作室采访，见到我的第一句话就是："你好，很高兴见到你。哎呀，你几个月啦？"我一脸尴尬地回答："我还没结婚。"

我的自尊心已经被戳得千疮百孔，相应地也练就了一身抗压能力。再难堪与尴尬的事情出现，我的内心也只是会刺痛那么一下，一看到食物，一切坏情绪立刻烟消云散。

所以"吃"对我来说，成为越来越离不开的解压手段。

2014年，我在法国南部。 ▶

　　2014年夏天，我去了向往已久的普罗旺斯。当车子开进普罗旺斯大区之后，路两边就是连绵不断的薰衣草田，空气中都是薰衣草的香味，让人陶醉。我很想在花田里留下几张美好的照片，于是就有了上面这些照片，可我都被自己的样子吓到了——有人活成了风景的点缀，我却不幸活成了风景的败笔。

　　第二年夏天，我再次因工作需要来到这里。连续两年到同一片薰衣草田里，却都没能留下好看的照片。

　　我感到非常遗憾，所以在2018年夏天，终于减肥成功之后，我又一次踏上了法国之旅。那种激动的心情，就像是脱胎换骨后回到爱人身边，这一次，我再也不要做风景的败笔，我要做风景的主人。

▲ 2015 年，在花田中的我。

▲ 2018 年 7 月，减肥成功的我。

过度肥胖也开始给我的生活带来种种不便：

○系鞋带开始吃力，改穿"一脚蹬"的鞋；

○大腿磨破裤子的速度又加快了；

○坐飞机时，安全带已经围不住我135cm的腰；

○衣服越来越难买，经常需要找裁缝店定做……

2015年冬天，我和好友计划一起去北极圈追极光，需要买一些抗寒的衣服。以往的冬天我都是敞着怀穿一件羽绒服，拉不上拉链就围一条围巾。追极光，可能需要在零下二十多度的雪地里站一两个小时甚至更久，就必须买到足以御寒的衣服。

但我去了很多商场都没买到合适的衣服。一个朋友告诉我，可以在网上用体重做关键词搜索。我输入关键词"150公斤 羽绒服"，终于找到一家大码羽绒服店，买到了一件可以拉上拉链的羽绒服。

2015年2月，在芬兰的圣诞老人村。
▼ 人太胖了就会显得样子很凶，给人的好感度也会降低。

◀
2015年1月在瑞典。
这时候的我已经很不喜欢拍照了。

# 极度自卑，
# 进入人生低谷期

那时候，我跟朋友一起开设计公司，本来很多客户要由我自己去谈，但到2015年，我已经胖到没脸见人，设计稿做好之后我会找同事代替我去。朋友喊我出去吃饭，我第一句话先问：还有谁?

我不想见任何陌生人，害怕被嘲笑。别人看到我的设计稿，就会推测我是个特别漂亮、特别文艺的女生，我不想让别人的想法幻灭，于是慢慢形成了社交恐惧症。这样当然会给同事与合作伙伴造成压力，也给他们添了麻烦，这让我更加自卑。最后我连工作都不想做了，开始消极怠工，生活作息变得更加糟糕。我的身体也不可避免地出现种种问题：晚上睡觉打鼾，经常出现盗汗、憋气等现象。体检时，我的尿酸飙升，脂肪肝从轻度变成中度，谷丙转氨酶居高不下，血压达到临界值。我不但开始脱发，最要命的是，例假已经9个月没来了。去看妇科，一说例假不正常，不管哪个医院的医生，第一句都是"你该减肥了"。

那一年我 28 岁，当时以为自己就要完了。有一天睡觉的时候被憋醒，在黑暗中，我一边大口喘气，一边问自己："你的人生就这样了吗？不知道哪一天，一口气上不来就胖死了。"

但我不甘心！我不甘心这一生没有体验过瘦子的生活；我不甘心还不到 30 岁，就活成了"大妈"；我不甘心没被追求过；我不甘心没穿过露背装；我不甘心没有留下一张为风景做点缀的照片。

2015 年年底，我的事业和身体双双亮起红灯，不知道该如何面对剩下的人生。我决定远行，或许在路上可以找到答案。

◄
2016 年 1 月，在美国加州一号公路自驾。
这时候的我，脸已经胖得彻底变形了。

◄
2016 年 1 月，在旧金山。

结束美国之旅回国后，我累瘦了 5 公斤，但回家还不到一个月，又恢复到了原来的重量。这次旅行走了太久，我的很多客户资源都给了同事，回来后一时变得无所事事。

没事干，就干脆思考一下人生。

我很认真地问自己：是不是要一辈子这样自卑地活下去？

说实话，不甘心。

既然不甘心，要不要在 30 岁之前，最后试一次？

要！

我认真反思自己屡次减肥、屡次复胖的血泪历程，得出一个让自己后半生受益，也在减肥成功后帮助了无数学员的经验：民以食为天，过度节食必定会引起复胖，因为没人能一辈子活在饥饿里，除非你得了厌食症。

所以，饿瘦的胖子，只有两个结果：复胖或者得厌食症。

所以这次，我没有盲目节食，而是转向研究减脂餐。

我喜欢吃，也喜欢研究吃的，同样是食物，热量、功效千差万别。以前无数次复胖，都是因为节食太痛苦了，一旦意志力下降，就会造成反弹，为了补偿自己，就会回到暴饮暴食的节奏。

很多减肥机构，打出各种噱头，其实最终你会发现，方法都是一个字——饿。他们或者直接控制你的饮食，或者给你所谓的代餐，让你产生假饱的感觉，其实还是一个字——饿。这就是为什么在那些机构减肥，人们瘦得快，反弹也快。

在这方面，我吃了太多苦头，于是决定自己探索更科学的减肥方法，让人在吃得健康、不过度饥饿的情况下慢慢瘦下来，并且养成健康的饮食习惯和生活习惯，还要让这个习惯成为很容易坚持一辈子的事。

# 第二章

尝试了那么多种减肥方法，
为什么每次都失败？

# 减肥靠什么都可以，但千万别靠毅力

我们都知道减肥要坚持，但坚持靠什么？靠毅力？

告诉大家，毅力可能是最靠不住的！减肥靠的是技巧，会减，就容易坚持。

我们有减肥意识时，一般都是有原因的。比如想变得健康，想拥有一副好身材，想谈恋爱或者是想穿漂亮的衣服，这些都是驱使我们减肥的动力，也是我们的目标。

毅力是什么？是坚持下去最终达到目标的心情。

很多人在减肥初期满腔热血，非常积极，在开始了一两个月之后，大多会出现两种情况：一种是效果很明显，信心倍增，继续坚持；一种是效果不太明显，开始觉得自己的付出和回报不成正比，逐渐失去动力，最后不了了之。

但你有没有发现，这两种情况的发生都和毅力无关，而是和最初定的目标有关。所以，减肥的目标不要定得太高，否则短期内看不到效果，就很容易受到打击，当最初的热情被消磨殆尽时，也就是减肥不了了之的时候。

减肥路漫漫，如果方法用得不当，很容易走进一条暗无天日的道路；在极度压抑自己食欲的状态下，怀疑、自卑和被边缘化的感觉，会让你很难走到终点。

当我确定要学习用正确、科学的方式减肥时，就开始学习营养学知识，这是基础。有了营养学知识，我才能以科学为依据，研究如何做出好吃又低能量的饭菜，做到饱着也能瘦。

比如当我想吃炒面了，我会用荞麦面或者意大利面替代传统的精白面粉制成的白面。以前会选择用猪肉炒面，现在换成脂肪含量更低的鸡肉，再多配几种蔬菜，减少面的分量，用不粘锅做少油或者无油烹饪，最后用生抽和胡椒来调味。炒出来的面味道跟以前差不多，热量却是以前的一半。除了鸡肉，还可以用牛肉、虾仁、鱼肉来替代猪肉做炒面，只要稍微改变一下食材的搭配，就有惊喜。

当吃减脂餐不只是吃"草"的时候，减肥的过程就不那么枯燥无聊了。把这种饮食方式变成一种生活方式，你要做的不是靠毅力撑着，而是用心去热爱生活，好好吃饭。把做减脂餐、早睡以及巧妙运动的技巧融合在每一天的生活中，不急不躁地一步一步走下去，你最后收获的不仅仅是好身材，还有健康和自律。

应该有很多人在开始减肥的时候，都和我以前的想法一样，就是减肥要吃素，不吃肉。但其实，肉和糖相比，糖更可怕。我说的糖，不仅仅指白砂糖、冰糖。糖其实存在于很多食物中，有时候我们会在不知不觉中就摄入了过多的糖。葡萄糖是单糖，淀粉是多糖。像土豆、红薯、山药等根茎类植物的淀粉含量较高，有一些是可以做主食的。比较典型的例子就是减肥期间不吃肉，只吃一份主食和一盘清炒土豆丝，这样的搭配就会导致糖类摄入过多，即使不吃带有脂肪的食物，也一样会发胖。肉类里面含有很多我们身体必需的营养素，比如蛋白质，减肥期也没必要避讳它。

自然界中，没有哪一种食材是吃了可以瘦身的，所谓"吃了就瘦"是一个伪概念。比如我们经常听说"吃黄瓜可以减肥"，并不是因为黄瓜有减肥功效，而是因为黄瓜的热量低，每100克只产生16千卡热量，所以即使吃到撑也不会热量过剩。但只吃黄瓜，不仅容易饿，还会造成蛋白质摄入不足，导致身体虚弱。

减肥的关键，不是吃肉还是吃黄瓜，而是看热量总摄入，只要你吃进去的食物热量小于你身体一天所需的热量，就可以瘦。

我每周吃到的食材种类可超过24种，其中肉类食材包括鸡肉、鸭肉、牛肉、鲈鱼、金枪鱼、三文鱼、巴沙鱼、虾、蛤蜊等，经期还会特意选择一些含铁较高的食物，比如猪肝等。经常有人感叹我的减脂餐看上去既丰富又好吃："如果能这样吃，我也愿意天天减肥！"

# 你是不是
# 也有这样的习惯？

01. 吃饭的时候喜欢看视频，不知不觉吃下去更多的食物；
02. 饮食不规律，饿的时候才想起吃，然后一直吃到撑；
03. 碰到好吃的会吃到撑才停下，遇到不太喜欢的也会吃饱，不会让自己饿着；
04. 喜欢吃夜宵，有时候吃是因为饿，有时候吃只是因为寂寞；
05. 饮酒；
06. 无辣不欢，喜欢重口味；
07. 喜欢巧克力，喜欢甜品；
08. 几乎不吃五谷杂粮（玉米、红薯、芋头等，烧在菜里的不算）；
09. 喜欢吃米饭，尤其喜欢用菜汁泡饭；
10. 喜欢吃包子、油条、烧饼、馄饨、热干面、牛肉面、担担面等；
11. 喜欢"葛优躺"，特别是晚饭之后；
12. 喜欢喝有味道的饮料，不喜欢喝白开水；
13. 能坐车绝不走路，能坐着绝不站着，能躺着绝不坐着；
14. 超过晚上 12 点才睡觉。

上面的习惯，如果你有 5 条以上就要注意啦！

有人说"一个人的身材代表了他的自我管理能力"，这听起来好像很像"外貌协会"成员，其实说得一点也没有错。

不好的生活习惯是发胖的主要原因。每个人身边都有几个"吃不胖"的朋友，但如果你仔细观察他的生活，会发现，他吃得多但不一定吃高脂高热量的食物，还有一些"吃不胖"的人，你只看到了他吃，却没有看到他一天的工作量或者是运动量有多大。

# 追求速减，
## 没有把减肥变成一种生活习惯

我的朋友圈里，有很多人的头像是"不减 10 公斤不换头像"，诸如此类给自己定下减肥目标的人很多，通常他们都会定一个明确的时间节点和一个明确的体重目标。

但我要告诉你们，这样一点也不好！

想减肥的初衷都是好的，但是目的性太强，会致使大多数人都想寻求一种快速有效的减肥方法，很少有人能做到先自省和总结，从改变生活习惯开始，让健康瘦变成自己一生的追求。

减肥要有目标，但不能有太强的功利性，更不能急，不然很容易使用极端方式，导致减得快，复胖更快。

以往的减肥过程中，我也会给自己定一些目标，想要快速减肥。但因为减得太痛苦，在达到目标的时候，耐心和毅力基本上就已经到达极限。达到目标就好像完成了"减肥"这张答卷，交完卷一下子就松懈了，再也不愿意去想减肥这件事，这样不复胖才怪！

因为总结了以往太多太多的失败经验，这次减肥一开始，我就没有给自己定太明确的减重公斤数作为目标，而是不断地问自己："这次减肥，你真的做好准备了吗？"

什么叫真的做好准备了？就是认真面对减肥的过程，不追求快速，不走捷径，坚持再坚持，把减肥从一个决心，变成一种生活方式。

看起来都不是什么特别难做到的事情，也没有非常苛刻的标准，但一点一点地改变，就是通往"瘦"的捷径。

# 吃得少，
# 不代表吃得对

在不了解食物的时候，我也跟大多数人一样，吃东西只有"主食、蔬菜（土豆、豆制品都会被归类于此）、荤菜"的区别，更不知道该用什么样的比例去搭配食材，吃多吃少也全凭感觉。

现在我研究了很多减脂餐，也通过吃减脂餐疯狂甩肉后，越来越清晰地明白一个道理：吃得少，不代表吃得对。

我们判断食物的多少时，跟自己平时的饮食习惯有很大的关系。其实，单纯依靠目测，看到的只是食物的体积，容易忽略掉食物的密度和热量，所以我们会看到，有人吃很多却不胖，有人吃很少却胖了。其实，这跟吃什么有关系。

人类经过几百万年的进化，身体有一套自己的循环机制，保证它的主人可以在遇到饥荒等灾害时也能生存下去，所以不要和自己的身体过不去，不要拿牺牲健康作为减肥的代价。我们都知道，一辆好的汽车要加好油，如果降低油的品质，汽车的动力就会下降；如果不加油，汽车就会罢工；如果加了不对的油，比如汽油加成了柴油，汽车不但会罢工，内部零件还有可能受损。

身体好比一台精密的机器，运作的时候需要燃料，所以我们要了解，什么样的食物是"好油"。

**人类食物的种类成百上千，产能营养素最终全部可以归为如下三大类。**

○碳水化合物（糖类）（每克可以带来 4 千卡的能量）

○蛋白质（每克可以带来 4 千卡的能量）

○脂肪（每克可以带来 9 千卡的能量）

**还有 4 种不会产生能量的其他营养素：**

○水　○矿物质　○维生素　○膳食纤维

我们常规理解的主食，就是碳水化合物，但是，碳水化合物并不仅限于主食。有些我们认为是蔬菜的，比如土豆、芋头，也是以碳水化合物为主，当你吃"一碗米饭＋一盘炒土豆丝"时，其实相当于吃了两大碗米饭。

○ 碳水化合物的主要来源包括：米饭、馒头、面条、土豆、芋头、山药、红薯、紫薯、蜂蜜、果酱等。

○ 蛋白质和脂肪的主要来源包括：蛋类、鱼类、肉类、奶类、豆类、动物内脏等。

○ 水果和蔬菜，主要负责为人体提供丰富的维生素、膳食纤维和矿物质。

减脂餐是选择对的食材，保持食材的多样性，经过合理搭配，让身体吃够需要的营养，却不囤积脂肪。

再次强调，不要节食，当你感到饥饿的时候，说明身体已经发出"该加油"的警示了，这个时候，吃对了不但不会长胖，还可以提高心情愉悦指数。如果饥饿难耐，身体会释放出一种叫皮质醇的激素，它会让人的情绪变得易怒，还会促进食欲，造成暴饮暴食。所以每当节食以暴食收尾的时候，我们就应该明白，身体很聪明，我们骗不了它。

**扫描二维码**
**请66老师指导健康瘦身。**

# 胖友们一定要强迫自己
# 做运动吗？

　　胖子之所以胖，是因为大都不喜欢动。我给胖子的建议是先学会吃，能配合运动当然更加事半功倍，但千万不要一开始就强迫自己运动。再强调一次，减肥不是靠毅力，而是靠方法和技巧，在这个过程中，你要充分体会到减肥的快乐，而不是每天度日如年、考验自己。更不要强迫自己一开始就跑步，如果体重基数较大，没有训练基础和教练指导，盲目跑步很容易损伤膝盖。

　　我们先来看看各种运动的热量消耗情况。

| 60 分钟运动消耗热量表 | | | |
|---|---|---|---|
| 逛街 | 110kcal | 游泳 | 1036kcal |
| 骑自行车 | 184kcal | 泡澡 | 168kcal |
| 开车 | 82kcal | 熨衣服 | 120kcal |
| 打网球 | 352kcal | 洗碗 | 136kcal |
| 看电影 | 66kcal | 爬楼梯 | 480kcal |
| 遛狗 | 130kcal | 洗衣服 | 114kcal |
| 郊游 | 240kcal | 打扫卫生 | 228kcal |
| 跳有氧操 | 252kcal | 跳绳 | 448kcal |
| 打拳 | 450kcal | 午睡 | 48kcal |
| 看书 | 88kcal | 跳舞 | 300kcal |
| 工作 | 76kcal | 慢走 | 255kcal |
| 打高尔夫球 | 186kcal | 快走 | 555kcal |
| 看电视 | 72kcal | 慢跑 | 655kcal |
| 打台球 | 300kcal | 快跑 | 700kcal |
| 骑马 | 276kcal | 体能训练 | 300kcal |
| 滑雪 | 354kcal | 健美操 | 300kcal |
| 插花 | 114kcal | 武术 | 790kcal |
| 买东西 | 180kcal | 仰卧起坐 | 432kcal |
| 以上热量数据会因运动强度的不同而有所浮动，仅供参考。 | | | |

看到没有，快走的热量消耗比跳有氧操、打网球都大，是不是很惊讶？

所以我建议，减肥初期的你要是不确定自己能否坚持运动，先不要着急去办健身卡，毕竟办了健身卡，不练也不能瘦，不如先从快走开始。比如，先给自己设定每天累计步行 8000 步，当第一个目标轻松完成时，将 8000 步增加到 10000 步。无论什么时候，只要走路，就提高步速，争取让每一次走路都是快走。

当累计步数不在话下的时候，可以尝试着在一天中增加一段完整的时间用于运动，一点一点提高目标，慢一点也不怕。要记住，我们的最终目的不是减肥，而是培养一种可以长期瘦、永远不用担心反弹的生活方式。当你已经养成运动习惯，一天不动就闷得慌时，就可以根据自己的实际情况选择合适的运动方式了。

抬起头部，保持下巴平行于地面

保持双肩挺直，
不要让它们悬垂向前

走路时，肘部轻微弯曲自然摆动
每走一步都用臀部发力
走路的时候膝盖应该略微弯曲

保持核心肌肉收紧

当体重转移到前腿时，
重心要落在后脚跟
脚尖永远指向前方

▲  请保持正确的走路姿势。不努力
学习，你可能连路都不会走。

**这里有个小提醒：**
日常走路的时候应该保持正确姿势，这对关节有好处，也可以纠正仪态，千万不要边走路边看手机，这样对颈椎会造成很大压力。

我的身高是 175cm，脂肪主要囤积在腹部和臀部。这次减肥，我并没有像之前那样，选择有氧运动作为运动的开始。

如我前面所讲，运动有助于健康，可以帮助我们多消耗热量，让每天的热量摄入尽可能地小于日常消耗，从而形成热量差，达到减脂的目的。

除了走路、跑步、游泳、打羽毛球这样的运动外，还有一种我之前从来没有接触过，也从来没有想去接触的运动方式，那就是力量训练。在看了很多营养学与健身方面的书籍后，我决定选择力量训练。

说到力量训练，很多女生第一句话就是"我不要长肌肉"或者"举铁会不会变成金刚芭比？"

别担心，事实上，增肌比减脂要难得多，特别是女生，要练成金刚芭比需要花费的时间和精力不是一般人可以做到的。另外，脂肪也不可能转化为肌肉，这是两种不同的组织。

我刚开始做力量训练的时候，主要是练胸、肩、背，以上半身训练为主，原因是我的体重太大，练下半身怕再给膝盖增加压力。所以，在体重降到100公斤之前，我都坚持做上半身的力量训练。有氧运动也是体重降到120公斤之后才开始慢慢增加的，从一开始随意走15分钟，慢慢增加到快步走30分钟。

相信很多去健身房运动过的人，都听教练说过运动一定要超过30分钟，30分钟之后才开始消耗脂肪。

在这里，我用实际经验告诉大家，不管你选择了什么样的运动方式，有氧运动也好，力量训练也好，这些对我们而言都是只有好处没有坏处的。只不过我们有时候太注重效率了，希望能在最短的时间里收获最大的效果。

运动基础就好像盖房子需要打地基一样，如果不稳扎稳打，到了后期想提升运动能力，都是空谈。

这里要再次强调，不要给自己定太高的目标，也不要强求速成，无论吃减脂餐还是运动，都要慢慢从中找到乐趣，让它们成为你生活的一部分。

到现在为止，我每天坚持适量运动已经有两年时间，运动让我改变了许多。和朋友一起上街，我会主动提购物袋；候机的时候，朋友想喝咖啡但懒得起身买，我会主动提出帮她们买，顺便还会在候机大厅里多绕两圈；坐地铁的时候有空位我也不坐，而是选择正确的站姿站立。

生活中很多碎片化的时间都被我拿来利用，能走绝对不坐车，能站着绝对不坐着，能多走两步是两步。

运动虽然好，但是我们要避免不正确地运动导致受伤。最常见的就是膝盖、腰部等受伤，一旦受伤就需要暂停运动。培养运动习惯可能需要一年甚至两三年，但是惰性却可以分分钟占上风。

我的微博经常收到一些留言，问我有没有请私教，有没有必要请私教。对于运动小白而言，能有教练指导是最好的，可以少走弯路，可以学习正确的动作，避免受伤。

力量训练可以增肌，提高基础代谢，增加热量消耗。如果停止训练，肌肉会萎缩。运动带来的好处显而易见，停止运动后的反弹从退役后的运动员身上也可以看到。所以，如果你并不打算将运动变成一种生活方式，就要慎重选择过大的运动量。过分追求短期效果，一旦停止运动，肉还会回来的，你还可能比以前更胖。

# 第三章

再一次开始减肥，这一次，我不要输！

# 吃对了，可以越吃越瘦

　　这么多年的减肥经历，使我明白一个道理，那就是想要减肥成功，不能仅靠某一个时间段内的某些行为，而要靠养成健康的饮食习惯和生活习惯，把减肥从一个决心，变成一种生活方式。简单来说，就是要改变之前的习惯。改变习惯就是在挑战自己，如果到最后仅仅是靠意志力撑着，很难走得长远。于是我开始研究，怎样让减脂餐变得更丰富。

　　如果大家留意身边的餐饮，不难发现，我们的口味正变得越来越刁钻，饮食节奏也越来越快，餐饮文化看似越来越发达，实际上我们的生活形态、饮食的方式与内容也在随之改变。原本我们可以轻易摄取足够的天然食物，像新鲜的蔬菜、水果，但在快速与精致化的餐饮文化下，这些变得遥不可及，取而代之的是过度加工与过度添加化学物质的食品，例如各种重口味的调味料。

　　在研究和尝试了各种各样的减肥食谱后，我发现，想要吃得正确，需要科学的饮食方式。最近几年，我去过一些国家，比如美国、墨西哥、法国、意大利、新西兰等，也细心观察了当地人的饮食习惯。从当地人的身形体态，就可以了解到这种饮食习惯带给他们的影响。

　　如果你去过法国和意大利，就会发现当地人特别懂得生活，他们缓慢的步调，追求美与享受的人生观，在他们的饮食中也可以体现出来。

　　当地流传着一句有意思的话：你吃什么，将决定你拥有什么样的身体与人生。你身体的健康状态，完全取决于你吃哪些食物、怎么吃。这道理看起来简单，但是要实践起来真是不容易。

　　最终，我选择以地中海式饮食为主要的膳食方式，融入一些中餐的饮食习惯。

　　充满阳光的地中海沿岸盛产各种蔬菜、水果与谷物，人们长年食用这些食物，造就了多食蔬果、少食肉类的饮食方式。地中海式饮食的特点是食材新鲜、加工程度低，蔬菜和水果的种类丰富，主食多以全谷物为主，食用油以橄榄油为主，蛋白质的来源以白肉和海鲜为主。综合来看，深海鱼肉、新鲜的蔬果、谷物杂粮及适量的红葡萄酒为当地居民日常的主要饮食。这些食物脂肪含量低，蛋白质和膳食纤维含量高，还富含抗氧化物质和多酚，有利于提高人体的免疫力与抵抗力。同时，重视摄入富含 DHA（二十二碳六烯酸）的深海鱼肉与富含矿物质的坚果的饮食习惯，降低了人患心血管病、中风等其他慢性病的风险。

除了选择新鲜的食材、注意摄取比重之外，地中海地区的人们处理食物的方式也值得学习。当地人绝少食用加工食品，如油炸食物、零食、罐头食品、微波食品等，人们将这种加工过的食品视为不健康的食品，认为只有新鲜、未经加工或仅经过少量加工的食品，才是真正对人体健康有助益的食品。

在地中海式饮食金字塔中，最顶端是肉类，这包括较大比重的白肉，也就是鸡肉和较少的红肉。肉类位于金字塔的最顶层，意味着摄取比例是最少的，当地人通常一周吃一到两次。

地中海式饮食金字塔的第二层是鱼肉、各种贝类以及其他海鲜食材。鱼肉与海鲜的摄取比重只比肉类大一点，当地人一般一周吃三到四次。

位于金字塔第三层的饮食是主食类，包括全麦通心粉或意大利面，以及米饭、其他谷物，并搭配大量的当季豆类与坚果。当地人每天都会进食这些富含膳食纤维的食物。

在金字塔的第四层，是以橄榄油为主的调味品、饮品以及乳制品。地中海式饮食以橄榄油为烹饪基础，烹饪主食、沙拉与开胃菜，甚至做点心时都会用到橄榄油，因此摄取比重较大，属于每天都会摄取的食物。此外，由葡萄酒发酵的葡萄酒醋是地中海地区居民常用的调味品，再加上奶酪与牛奶等乳制品，还有充满多酚营养的葡萄酒饮品，这些营养价值较高的天然食品构成了地中海式饮食的副食品主轴。

位于金字塔底层的食物就是天然蔬果。谈到地中海食物，大家可能首先会想到番茄和洋葱。这两种食物几乎是当地居民每天都会摄取的，由于富含维生素与矿物质，又不含脂肪，这两种食物对需要减脂的人群来说非常友好。

从地中海式饮食的食物金字塔来看，当地人摄取高纤维与低脂肪的谷物以及蔬果较多，对鱼类的摄入量适中，对肉类的摄入量小，再加上平日用于烹调的调味品也都是由天然食物制作成的橄榄油、葡萄酒醋等，很少有复合调味料，每一种都不会给身体带来过多热量与负担。这与一些地区的人过度依赖肉类与脂肪含量高的食物，对富含膳食纤维的蔬果摄入不足的饮食习惯大相径庭。

少高温，少油炸，是地中海式饮食的重要烹调原则。当地人的烹调方式以生食、凉拌、水煮、烫与清蒸为主，这些方式可以保留较多营养素和食物本身的风味，也能避免人体摄取过多油脂，是最为健康的料理方法。长期坚持这种料理方法，可以避免过度肥胖。

此外，当地人在烹调时也很注重控制加热时间，因为长时间的炖煮容易使食物中的营养成分流失。若能控制好加热时间，就能使食物的营养素多保留一些。

# 我的减肥计划书

通过研究地中海式饮食和亲身实践，我发现，好的生活方式对减肥成功非常重要，注重饮食结构、适量多饮水、保证睡眠和适量的运动，是实现健康减肥的最佳途径。我的"健康吃瘦"减肥法主要分以下三个步骤：

第一步，我们需要了解自己的身体，知道一些基本的营养学知识。

第二步，采用科学的饮食方式，学会与食物"和解"，认识和了解食物。如果没有正确地认识食物，就有可能既吃不饱，也没有瘦。在烹饪时，尽量选择最简单的方式，既能让身体摄入均衡的营养，又不会囤积脂肪。

第三步，调整生活习惯，找回健康、轻盈的自己，将减肥融入健康的生活方式中，过让自己怦然心动的人生。

## 第一步：你了解自己的身体吗？

### ○ 记录自己的身体指标

对于体重基数很大的胖友们，我建议你把体重秤、体脂仪暂时收起来，一个月称一次、测一次即可。除了测量体重，还要测量胸围、腰围以及臀围，如果可以的话，最好能在家人的帮助下，更精细地测量和记录大臂围度、大腿围度和小腿围度（左右侧要分开测量）。

在每个月选一个固定的日期和时间段（人一天中各时段的体重不一样）测量、称重并记录，如果能拍照片做记录更好。

这些数据是减肥过程中重要的参考数据。

为什么我不建议你天天测量呢？因为这容易让你失去信心。减肥不是消气球，它是一个长期的过程，经常会遇到平台期。如果有一天你运动到大汗淋漓，第二天称重却没有变化，是不是很影响心情？接着否定前一天的付出？

所以，在减肥期间天天称体重是一种严重打击自我信心的行为。

收起你的体重秤，跟我一起认真吃饭、好好睡觉、适量运动、多喝水，你一定可以瘦下来！

减肥，不仅仅是减肉、减重，更是对我们长期生活习惯的挑战。我建议你在决定减肥之前，花一点时间了解一下自己的身体。

## ○ 你真的胖吗？

首先，我们要正确理解"胖"的定义：

**女性体脂计算公式\*（body fat formula for women）**

A：体重（磅）×0.732+8.987

B：腕围最大值（英寸）/3.140

C：腰围（常规测量）（英寸）×0.157

D：臀围最大值（英寸）×0.249

E：小臂围最大值（英寸）×0.434

X：A+B−C−D+E

体脂率（body fat ratio ,BFR)：（体重 −X)/ 体重

**男性体脂计算公式（body fat formula for men）**

A：体重（磅）×1.082+94.42

B：腰围（常规测量）（英寸）×4.15

X：A−B

体脂率：（体重 −X)/ 体重

体重单位为磅 (lb)，1kg ≈ 2.2lb
维度单位为英寸 (inch)，1cm ≈ 0.39inch

**女子不同的体脂率表现出来的体形特点：**

| | |
|---|---|
| 8%~10% | 极少数女运动员所达到的竞技状态（会引起闭经、月经紊乱和乳房缩小）； |
| 11%~13% | 背肌显露，腹外斜肌分块明显（女子健美运动员竞技状态）； |
| 14%~16% | 背肌显露，腹肌分块明显； |
| 17%~25% | 女子理想体脂率； |
| 17%~19% | 全身各部位脂肪不松弛，腹肌分块明显； |
| 20%~22% | 全身各部位脂肪不松弛，腹肌开始显露，分块不明显； |
| 23%~25% | 全身各部位脂肪基本不松弛，腹肌不显露； |
| 26%~28% | 全身各部位脂肪特别是腰腹部明显松弛，腹肌不显露； |
| 29%~31% | 腹肌不显露，腰围通常是 81~85cm； |
| 32%~34% | 腹肌不显露，腰围通常是 86~90cm； |
| 35%~37% | 腹肌不显露，腰围通常是 91~95cm； |
| 38%~40% | 腹肌不显露，腰围通常是 96~100cm； |
| 41% 以上 | 腹肌不显露，腰围通常是 101cm 以上。 |

**男子不同的体脂率表现出来的体形特点：**

| | |
|---|---|
| 4%~6% | 臀大肌出现横纹（健美运动员最理想的竞技状态）； |
| 7%~9% | 背肌显露，腹肌、腹外斜肌分块明显（健美运动员竞技状态）； |
| 10%~18% | 男子的理想体脂率； |
| 10%~12% | 全身各部位脂肪不松弛，腹肌分块明显； |
| 13%~15% | 全身各部位脂肪基本不松弛，腹肌开始显露，分块不明显； |
| 16%~18% | 全身各部位脂肪特别是腰腹部明显松弛，腹肌不显露； |
| 19%~21% | 腹肌不显露，腰围通常是 81~85cm； |
| 22%~24% | 腹肌不显露，腰围通常是 86~90cm； |
| 25%~27% | 腹肌不显露，腰围通常是 91~95cm； |
| 28%~30% | 腹肌不显露，腰围通常是 96~100cm； |
| 31% 以上 | 腹肌不显露，腰围通常是 101cm 以上。 |

身高：175cm

体重：137.5kg

体脂率：48%

胸围：128cm

腰围：135cm

臀围：143cm

大腿围：77cm

小腿围：48cm

◀  这个时候的我，体脂率 48%。

　　所以，胖不胖，不仅要看体重，更要看体脂率。有些人体重完全没有超标，但腹部累积了非常多的脂肪，体脂率超标，这也是肥胖的一种。而很多运动员按照正常人的标准，其实体重是超标的，但他们的体脂率非常低，是绝对的瘦子。

　　当你了解了自己的身体，会明白胖或瘦，不是体重问题，而是健康问题。

　　现在家用体脂仪种类很多，可以购买使用，或者去一趟健身房，请工作人员帮忙测下体脂，即使不办卡，一般也能测到。

## ○ 你一天到底需要多少食物

经常听到有人说：我吃得不多，为什么胖；或者我吃得不少，为什么不胖。其实，吃得多或者少，不是一个可以衡量胖瘦的数据，重点要看个人的摄入和代谢比。

我们即使每天躺着不动，体内的器官也要消耗一部分热量，这就是基础代谢。每天走路、工作、运动甚至是说话等，这些都属于在基础代谢基础上的其他热量消耗，这就是日常消耗代谢。基础代谢和日常消耗代谢是两个完全不同的概念，但我们经常会错误地纠结于前者。

如何计算基础代谢？公式如下：

女性：661+9.6×体重 (kg)+1.72×身高 (cm) － 4.7×年龄

男性：67+13.73×体重 (kg)+5×身高 (cm) － 6.9×年龄

日常消耗代谢计算：

**选择一种最接近你生活习惯的数值，然后乘以基础代谢。**

1.2：几乎不运动，常坐办公室

1.3~1.4：每天也就站站或者走走，比如教师；或者每周轻运动 1~3 次

1.5~1.6：比较活跃，每天在外面跑，或者每周做中等强度的运动 3~5 次

1.7~1.8：很活跃，体力劳动者，或者每周运动 6~7 次

1.9~2.0：运动员、教练等每天大强度体力劳动者

这样算出来的代谢量，就是你每天需要摄入的热量。

当你明白了自己的身体每天需要多少热量的时候，你所摄入的热量和消耗的热量持平，体重就可以保持在一个稳定的状态；当你摄入的热量大于你身体所需的热量时，身体就会把消耗不掉的部分储存成脂肪；相反，如果你摄入的热量小于你身体所需的热量，就需要消耗之前存储的脂肪，从而达到减肥的目的，更准确地说是减脂的目的。

热量的来源主要是吃、喝，所以，要追求摄入小于消耗，有两种方法：减少摄入或者增加消耗，显然，减少摄入要比增加消耗更直接、更容易。

所以说，胖子都是吃出来的。要减肥，还是要先从吃开始改变。

"三分练七分吃"非常有科学依据，可惜这个道理我在减肥失败无数次之后，才开始重视。

所谓减脂餐，搭配方法多种多样。万变不离其宗的就是在低脂低糖低钠的前提下，尽可能地保证营养的均衡摄入。

除了"三低"的饮食原则，还要尽可能地选择干净的食物。这里的"干净"，指的是烹饪方式：越简单的烹饪方式越能保持住食材的营养，还不会带来额外的热量负担。食物在加热的过程中会发生化学变化，所含热量也会改变。比如一个生鸡蛋的热量约为 76 千卡，用清水煮熟之后热量会增至 80 千卡，煎熟后热量则会增至 110 千卡。

不同的烹饪方式也会影响食材的热量，特别是使用食用油之后食品发生了化学反应，就不仅仅是简单的 1 克油增加 9 千卡热量这么简单了。所以我才选择不用食用油去烹饪食物，而是直接食用含有有益脂肪的食物。

> 《中国居民膳食营养素参考摄入量》中对 18~45 岁人群的蛋白质摄入量建议如下：
>
> 极轻劳动者：男性 70g，女性 65g
>
> 轻劳动者：男性 80g，女性 70g
>
> 中劳动者：男性 90g，女性 80g
>
> 重劳动者：男性 100g，女性 90g
>
> 极重劳动者：男性 110g
>
> * 此处男性体重参考值为 63kg，女性体重参考值为 53kg

若按照体重比例计算的话，从极轻劳动者到极重劳动者，建议蛋白质摄入量为每千克体重 1.2g~1.8g。

特别提醒：减脂餐饮食中，最容易摄取不足的就是蛋白质，所以饮食中应当注重包括蛋白质含量高的食物。

在计算出自己的日常消耗代谢所需要的热量后，可选择适合自己的营养素摄入量。一般脂肪的摄入量在 20%~30%，碳水化合物的摄入量在 45%~55%，蛋白质的摄入量在 15%~30%。

如果没有特别想要减脂或增肌，只是想要饮食比较健康，可以参考如下搭配：碳水化合物摄入量占比 55%，蛋白质 15%，脂肪 30%。

如果想要减脂，饮食可以参考如下搭配：碳水化合物摄入量占比 45%，蛋白质 30%，脂肪 25%。

如果想要增肌，饮食可以参考如下搭配：碳水化合物摄入量占比 50%，蛋白质 30%，脂肪 20%。

## 第二步："健康吃瘦"饮食法

健康的饮食对每个人都至关重要，在尝试了各种各样的减肥方式之后，我发现，科学的饮食才是瘦身的根本保证。

在减脂过程中，我们应该遵循以下饮食原则：

○ 将米饭、馒头、面食等精制主食替换成燕麦、玉米、红薯等粗粮；

○ 晚上 8 点后不要进食；

○ 每日喝足 1800 毫升水；

○ 不喝含糖的饮料、咖啡和茶；

○ 不吃油炸、高糖食品；

○ 不吃卤汁、酱汤、老干妈等重口味的调料；

○ 早餐吃好，午餐吃饱，晚餐吃少；

○ 每天起床后喝一杯温水。

在我看来，减肥不应该靠痛苦、残暴的绝食，保持身材很重要，但美食也不该被辜负。减脂餐≠简直惨，我们不需要强迫自己吃"草"，也不需要克制自己不去吃喜欢吃的食材。我每次看到好吃的食物或者想吃的食材，就会花点心思将其用低脂低糖的方式烹饪，这样自己吃起来没负担，心情也会大好。所以，经常有人会在我的微博晒的早餐下面留言说："天啊，这样吃也可以减肥？如果天天有人这样做给我吃，我也想减肥！"

科学搭配加上健康的烹饪方式，就是我打造魔法拼搭瘦身餐的守则。改变传统的高脂高糖的做法，将更加丰富的食材混搭，注意食材之间颜色的搭配，做出好吃、低卡又好看的食物。这样既能够摄入多种食材，还能瘦，有谁不愿意？放松心情，能帮助我们以愉快的心境来用餐，自然能促进消化，同时也让我们能好好地享受食物本身的美好。

《中国居民膳食指南》中建议每人每天摄入 12 种食材，每周至少摄入 25 种食材。人的肥胖，除了因为吃得太多，更因为搭配不当，摄入了过多碳水化合物或者高糖高油的食物。多吃高质量、高营养密度、低碳水化合物的食物，不需要太久，身体的各项指标就会变得很美好，体重也会随之降下来。更重要的是，这是你可以坚持一生的减肥方法。

健康的饮食并不复杂，我的餐单很灵活，只要每餐包含以下这几大类食材和元素，就可以保证营养的均衡摄入。

**主食（优质碳水化合物）：**

吃主食时，我们可以多选择燕麦、糙米、藜麦、全麦和其他谷类，这些是碳水化合物的主要来源和我们首选的能量来源。这些食物还能提供其他关键营养素，包括蛋白质、膳食纤维、B 族维生素和矿物质（如铁、锌和镁）。还有很多豆类也富含碳水化合物，如鹰嘴豆和扁豆，对于素食者来说，这些豆类也是宝贵的蛋白质来源。

**蔬菜：**

蔬菜（不包括土豆、芋头和山药等淀粉含量高的蔬菜）营养丰富，热量相对较低。但是它们含有丰富的营养，又能量较低，如果你的胃口大的话，多吃蔬菜是非常好的选择。蔬菜含有丰富的维生素、矿物质、膳食纤维和一系列植物化学物质（植物中天然的化学物质，可以帮助身体对抗疾病），对人体特别有益。

**瘦肉、海鲜、蛋及豆制品：**

这类食物通常包括牛肉、猪肉、羊肉、鸡肉、鸭肉、鱼虾、鸡蛋及豆制品。这些食物是非常好的蛋白质来源。它们还为我们提供了丰富的矿物质、维生素和健康脂肪。特别是对女性而言，补血并不是靠多吃红糖或红枣，而是要吃富含铁元素的红肉。素食者可以多吃鸡蛋、豆制品来补充蛋白质。要注意的是，很多富含蛋白质的食物也富含脂肪，营养素通常不是孤立存在的。

**健康脂肪：**

牛油果、坚果和奇亚籽等食物为我们提供了人体自身无法合成的必需脂肪酸。这些脂肪酸为身体提供能量，保证新陈代谢的正常运作。

**乳制品：**

牛奶、奶酪和酸奶等乳制品富含钙元素，钙是一种对骨骼和肌肉健康很重要的矿物质。这些食物也为我们的身体提供蛋白质、维生素 A、维生素 D、核黄素（维生素 $B_2$）、维生素 $B_{12}$ 和锌。

**水果：**

水果含有丰富的维生素，包括维生素 C 和叶酸，它还以天然糖的形式为我们提供钾、膳食纤维和碳水化合物。有些水果的果皮中膳食纤维的含量特别高。

# 第三步：生活习惯大调整

我在第二章中提到过，减肥不能追求速成，要把减肥从一个决心，变成一种生活方式。在瘦身的过程中，我们不仅需要调整饮食，还需要调整生活习惯，多管齐下，才能达到事半功倍的效果。

我们可以尝试着把"多长时间减掉多少公斤"这样的目标换成：

○ 改变睡眠时间，每天早睡 20 分钟，尽可能让自己在晚上
  11 点之前入睡，最理想的入睡时间是晚上 10：00—10：30，
  保证睡眠时间在 8 小时以上；

○ 不把手机带进卧室；

○ 要早睡也要早起，不要贪睡；

○ 起床之后喝 1 杯温水，1 小时内要吃早餐；

○ 每周称重 1 次，重点测量身体围度的变化，平日不要频繁
  称重；

○ 尽量用步行代替开车或坐车的出行方式；

○ 晚餐后一定不能立刻躺下，不管是做简单的运动还是做家
  务，尽可能让自己动一动；

○ 每日保证累计走路至少 8000 步，并根据情况慢慢调整自
  己的小目标。

在这里，我特别要强调的是，早睡对于减肥非常重要。这是一个经常被我们忽略的问题，甚至有人觉得睡得晚、睡得少，就会"累瘦"。其实，晚睡是肥胖的一个非常重要的诱因，有一种胖叫压力胖，就跟晚睡有着千丝万缕的联系。

人到了晚上有困意、想睡觉是再自然不过的事情了，如果一定要违背，身体就会释放肾上腺素、皮质醇等对抗压力的激素，让神经兴奋。我们常觉得晚上做创造性的工作效率高，这和皮质醇的分泌有很大关系。

皮质醇的过多分泌会让身体承受很大的负担，比如身体会有炎症反应（很多人熬夜会长痘痘）。熬夜时，肝脏不停地把血糖变成脂肪，促使你产生饥饿感，想吃东西，加上熬夜总觉得自己辛苦了，也想犒赏自己，于是体重越来越重，血压升高，心律不齐……

人体一天中的生理波动如下：

01：00 处于深夜，大多数人已经睡了3-5小时，经过入睡期—浅睡期—中等程度睡眠期—深睡期，进入有梦睡眠期。此时易醒或有梦，对痛感特别敏感，有些疾病易在此时加剧。

02：00 肝脏启动劳模模式，利用这段人体相对安静的时间，抓紧产生人体所需要的各种物质，并把有害物质清除。此时人体大部分器官工作节律均放慢或停止，处于休整状态。

03：00 全身休息，肌肉完全放松，此时血压降低，脉搏和呼吸次数减少。

04：00 血压更低，脑部的供血量最少，肌肉处于最微弱的循环状态，呼吸仍然很弱。身体有重疾的人，易在此时猝死。这时候，全身器官节律很慢，但听力非常敏锐，容易被微小的声音惊醒。

05：00 肾脏分泌减少，人体已经历了3-4个"睡眠周期"（无梦睡眠与有梦睡眠构成睡眠周期），此时觉醒起床，很快就能进入精神饱满的状态。

06：00 血压升高，心跳加快，体温上升，肾上腺皮质激素分泌开始增加，此时机体已经苏醒，想睡也睡不安稳了，这是一天中的第一次绝佳记忆时期。

07：00 肾上腺皮质激素的分泌进入高潮，体温上升，血液流动加速，免疫功能加强。

08：00 机体休息完毕，进入兴奋状态。大脑记忆力强，此时为一天中的第二次绝佳记忆时期。

09：00 神经兴奋性提高，记忆仍保持最佳状态，疾病感染率降低，此时对痛觉最不敏感。心脏开足马力工作，精力旺盛。

10：00 积极性上升，热情将持续到中午，人体处于一天中第一阶段的最佳状态，苦痛易消。此时为内向性格者创造力最旺盛的时刻，几乎能胜任任何工作。所以这个时候一定要开始工作，如若虚度光阴，实在可惜。

11：00 心脏照样有节奏地继续工作，并与心理的积极状态保持一致，人体不易感到疲劳，即使很忙，也几乎感觉不到太大的工作压力。

12：00 人体的全部精力都已调动起来，经过两个小时的工作，此时需进餐。此时身体对酒精非常敏感，如果午餐来一桌酒席，下午的工作会受到严重影响。

13：00 午饭后，精神困倦，第一阶段的兴奋期已过，此时身体会感到有些疲劳，宜适当休息，最好午睡半小时。

14：00 精力消退，此时是低潮阶段，人体反应迟缓，适合做不需要创造力的事务性工作。

15：00 精力有所改善，感觉器官此时尤其敏感，人体机能重新走入正轨，工作能力逐渐恢复。此时是外向型性格者分析力和创造力最旺盛的时期。

16：00 血液中糖分增加，适合喝一点清淡的茶水，有喝咖啡习惯的人也可以喝一杯咖啡。

17：00 工作效果更好，嗅觉、味觉处于最敏感时期，听觉处于高潮期。此时锻炼比早晨锻炼效果好。

18：00 体力活动所需的体力和耐力达到一天中最高峰，想运动的愿望上升。痛感重新下降，运动员此时应努力训练，可取得好的运动和训练成绩。

19：00 血压上升，心理稳定性降到最低点，精神最不稳定，容易激动，一点小事就可能引起口角。

20：00 当天的食物、水分都已贮备充分，体重处于一天中最重的时刻。人体的反应异常迅速、敏捷，注意力处于最佳状态。

21：00 此时记忆力特别好，直到临睡前这段时间为一天中最佳的记忆时间。

22：00 体温开始下降，睡意降临，免疫功能增强，血液内的白细胞增多；呼吸减慢，脉搏和心跳减缓，激素分泌水平下降，体内大部分功能趋于低潮。

23：00 人体准备休息，细胞修复工作开始。

24：00 身体免疫系统开始最繁重的工作——更换已死亡的细胞，产生新的细胞，为新的一天做好准备。

　　减肥，要建立在对自己的身体了解和信任的基础上。收藏一下这份人体 24 小时作息表吧，它能帮你更科学地安排自己的工作、学习、生活，你也很容易戒掉晚睡的习惯。

# 健康减肥，
## 从按时吃早餐开始

2016 年春节以后，我从两方面入手，开始减肥。

1. 让自己的作息变得有规律。

2. 坚持吃减脂餐。

为了坚持早起做减脂早餐，我决定让社交网络变成无形中的监督员。

2016 年 3 月 31 日，我在微博和朋友圈宣布开始早餐打卡，很多人觉得我只是说着玩，或者只是三天热度。但我坚持发了两周以后，网络中的朋友们就开始对我的早餐有了期待，纷纷化身监督员，有时候我稍微晚发十几分钟，就有人催更。

◀

吃了一个月减脂餐，体重就从 137.5 公斤减到了 120 公斤。

这种打卡，慢慢就变成了一种信念，或者说仪式感甚至行为艺术。如果哪天起床困难，想赖床，一想到早餐更新要被打断，仿佛一匹织了很长很美的布，中间有了跳纱和断点，就觉得对不起之前那么多天的努力。这种信念，帮助我戒掉了懒惰，我希望无论是早餐打卡，还是减脂塑形，都能成为一生的追求。

还记得第一次做健康减脂早餐，是在一片吐司上放了片生菜和一些水果。在此之前，我从来没有这样吃过，至少也要夹鸡蛋和火腿做成三明治。没想到，这个早餐味道还不错，非常清爽。开始吃减脂餐的第一天，比我想象中顺利。

因为每天的早餐要发到网上给大家看，我就定了一个 365 天不重样的早餐计划，逼着自己去学习营养搭配，了解更多食材的属性，同时开始系统地学习营养学知识。

慢慢地，我发现做好健康减脂餐不仅需要很多技巧，更重要的是，科学健康的搭配真的可以做到既不挨饿，也能减肥。

这段时间，我学习认识了更多食材；慢慢尝试吃海鲜；开始懂得如何更好地吃面包、粗粮；开始用香草替代传统的浓油赤酱来调味。我开始欣赏和学习西方饮食观念，对食物变得越来越宽容。吃饭对我来说，从减压和充饥的方式，变成了健康和减肥方式，我对食物的追求也由口舌之欢，变成了健康无负担。

扫描二维码
请66老师指导健康瘦身。

# 彻底打败暴食君

减肥像爬山，过程虽然辛苦，但只要身体没有疾病，咬咬牙都可以爬到山顶。

2017 年新年，我已经减掉 57.5 公斤，体重降至 80 公斤。虽然这个数字在普通人看来还是个胖子，但对于曾经 137.5 公斤的我来说，已是减掉了整整一个大活人的重量。

新西兰的瓦纳卡镇，有一条著名的罗伊峰步道，海拔直升，几乎没有缓冲。该山的海拔高度为 1500 米，从山脚的停车场开始上山，官方建议徒步往返时间是 6 小时。

这是一条没有遮阴的步道，沿路都是上坡，路面有很多小碎石。半路我碰到了很多放弃的人，他们说，这里已经挺美的了，他们不想再爬了；还有一家人，已经爬了三分之二，还是准备放弃，他们说没有信心能在日落之前爬到，所以打算下山。

◀
3 个多小时的行程，一直是这样的坡度，
非常考验人的意志力。

说实话，我也无数次想要放弃。每每有此想法时，我就告诉自己：这个过程就像减肥一样，只要身体还能承受得住，就要继续向上，我想站在罗伊峰看日落。

虽然我走得比别人慢一些，用了4小时才终于抵达山顶，但当瓦纳卡湖的美景展现在面前时，我庆幸自己没有放弃，所有的付出都值得。

▲ 站在山顶被群山环绕，这种大气磅礴的壮美景象，不亲自登顶是无法感受到的。

这样看来，爬山的整个过程除了坚持，好像没有其他办法了。其实有一个让坚持变得容易的小窍门，那就是走得慢一点，享受整个过程，不要把目标看得太重。

减肥的过程中，坚持不下去大多是因为一开始就极端节制饮食。我们的身体是很聪明的，忽然的节食会让身体拉响警报，以为营养源即将被切断，就要"狗带"(go die，死去) 了。这时候，身体会启动抢救机制，加速吸收营养，并且促使我们不断回忆食物的味道，增加我们的食欲。

所以很多人有这样的感觉，节食瘦身后，吸收得却更好了，也更想吃东西了，这样很容易复胖，而且比之前更加厉害。

节食过度后，容易暴食；压力过大的时候，也容易暴食。

暴食在医学上属于进食障碍的一种，被称为"神经性贪食症"，指不可控制地想要多吃，并且通过吃获得其他活动无法替代的快感。

暴食的人通常都有这样的经历：和很多人一起吃饭的时候，食量很正常。他们一般会选择独处的时间，避开所有的人偷偷地狂吃。暴食可以让人获得短暂的心理安慰，但是随即而来的就是深深的懊悔。吃得越多，心理压力就越大，找不到正确的发泄方式，就只能继续暴食，形成恶性循环，破罐破摔……

所以当你开始减肥，就要调整好心态，找到饮食之外的其他舒缓压力的方法，这非常重要。

更重要的是，不要让减肥的过程太惨，积累过多压力，导致心理和身体的报复性反弹。

这里有两个"不要"：

1. 放松心情，告诉自己减肥是一个过程，需要时间。不要试图通过节食达到目的，那样就算瘦下来也还要面对保持的困难。

2. 好好吃饭，享受食物带来的乐趣。不要让身体有憋了很久的感觉，适当给自己一些放松的时间，比如完成了一个小目标，就奖励自己吃块蛋糕。在这样的心态下吃一点高热量的食物，会慢慢学会适可而止。

▲

2014年7月和2017年2月，
同样一条裙子，胖的我和瘦的我硬是穿出了两种款式的感觉。

# 平台期，
# 每个减肥者的噩梦

　　我从 137.5 公斤减到 78 公斤用了 9 个月的时间，而从 78 公斤减到 75 公斤则用了 5 个月的时间。

　　减重速度的变化让我几乎失去耐心。

　　在此之前，我平均每个月称一次体重，但是当体重开始不再快速下降的时候，我也忍不住变得焦虑。我打破自己定的规律和节奏，频繁地称重，果然，越称越焦虑。

　　我重新计算自己的基础代谢和日常消耗代谢，因为体重的减少，这些代谢都会跟着降低。

　　于是我开始了更加严格的饮食计划，运动方面也做了一些调整，但是 1 个月过去了，体重依然只有微小的变化。

　　我知道自己到了传说中可怕的平台期。所谓平台期，就是减肥减到一定时候，会有一段时间，即使你很努力，体重变化也不会太大。

　　所以，知道我为什么一再强调不要频繁称体重了吗？

　　对于一个不胖的人来说，每天称重可以帮助监测体重，如果发现体重有增长的趋势，应及时做出饮食调整。但对于一个处在减脂期的胖子来说，体重如果长期保持一个数字不动，几乎可以浇灭其所有的减肥积极性。

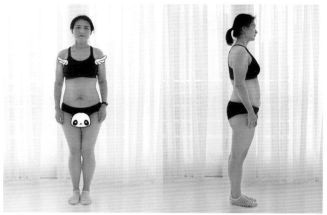

2017 年 6 月，75 公斤的我。 ▶

平台期是每个减肥的人都会遇到的一个身体整理期。

怎样判断自己是否到了平台期呢？

很多人猛然节食，刚开始的两周减重效果特别明显，体重基数越大的人减重越明显。紧接着体重趋于平稳，可能一周都没怎么减，很多人误以为这就是平台期。其实不是！因为前两周减掉的体重并不是脂肪，而是水分，如果这个时候大吃一顿，基本上就可以恢复一半减掉的体重，如果按照减肥之前的饮食吃两天，差不多就全部反弹回去了。

短时间的体重不变不是平台期，只有体重和围度超过 1 个月都没有变化时，才称为平台期。

平稳度过平台期的方法有两种：

1. 如果是因为节食导致的平台期，你需要慢慢恢复正确的饮食结构，让身体摄入足够的营养。这个过程中体重会略有回升，但对于节食减肥的人来说，这是必经之路，及时纠正是最好的解决方法，如果变本加厉地继续节食，可能导致厌食症。

2. 如果是通过合理控制饮食、配合运动的减脂，平台期是身体在自我调整的一个阶段，如果体重没有变化，可以关注围度的变化，胸围、腰围、臀围、臂围、大腿围和小腿围，如果围度还在减少，就保持目前的饮食和运动量，不要频繁称体重。这时只要放松心情，坚持一段时间，体重就会有一个较大幅度的下降。

每个人在发胖的时候最先胖的部位，就是减脂的时候最先瘦的部位。不过这不代表我们可以做到局部瘦身。减脂的过程是全身性的，只是每个人的情况不一样，所以最先呈现出来的效果也不一样。

身体是很聪明的，它不可能允许自己无限度地减下去，它需要一个时间段来自我保护，特别是刚改变饮食结构的时候，体重变化会很大，后期会越来越慢。平台期千万不要节食或者增加运动量，你要做的就是保持住规律的生活状态。

总之，要相信减脂需要一个长期的、全面的全身运动。这场运动里，还包括好好吃、好好睡、好好运动，以及保持一颗健康向上的心。

# 给学生党和工作党
# 的减脂餐攻略

　　有些学生朋友会问，自己常在食堂吃饭，应该怎么选择适合自己的减脂餐呢?

　　关于如何在食堂里吃减脂餐，我专门做过一期课程。当时特意去食堂观察过一段时间，发现很多人偏爱土豆丝，例如，吃饭时选择土豆丝 + 米饭、土豆丝 + 馒头这样的组合。土豆是淀粉含量很高的菜，简单来说就是吃土豆的同时不需要再摄入米面类的食物，这样属于碳水化合物的重复摄入，即使没有吃肉，感觉吃得很清淡也依然不会瘦。外食人群最需要注意的就是吃饭的时候要注意营养元素的配比: 谷物 + 蔬菜 + 肉或豆制品 + 水果，也就是碳水化合物、蛋白质、脂肪都要摄取，并且要均衡摄入，不要重复摄入。

　　明白了怎么样选择食物，再来看下菜的烹饪方式，油炸、红烧和糖醋的尽量避免。食材再低脂，如果是大油烹饪出来的也一样是不可选的。主食除了白米饭和馒头，可以多选择粗粮，比如杂粮馒头或者玉米、红薯等。

　　而对于上班族来说，忙碌的工作可能使他们没有时间自己做饭，在这种情况下，又该怎么坚持食用减脂餐呢?

　　现在外食的选择性非常多，如便利店、小吃店、食堂或者是叫外卖等。如果可以的话，尽量不要点外卖，尽可能多走走。我以便利店为例子，简单分享一下在外要如何吃减脂餐。

　　对于我个人而言，在外面的时候，首选的就是便利店和超市。早上，可以选择的主食有玉米、饭团、各种粥品、杂粮馒头、各种包子。要注意的是，饭团的种类有很多种，要尽量选择牛肉、鸡肉和海鲜类夹馅的饭团，避免含有沙拉酱、芝士、红烧肉或者是炸猪排这一类的饭团;包子首选蔬菜包，可以搭配鸡蛋来补充蛋白质和脂肪，肉馅包子一般会掺杂着肥肉和酱料，所以不太推荐。

饮品可以搭配牛奶或者豆浆，记得要选择无糖的。这样搭配下来果蔬往往会不够，便利店通常会有小份的蔬菜沙拉，如果早上吃不下去，可以买些水果黄瓜和小番茄，在上午 10 点钟左右作为加餐也是非常好的选择。

中午，便利店里有很多盒饭、便当，要注意的是，优选饭、菜分开的，而不是浇在一起的，否则菜汤里多余的热量会被米饭吸收。我去逛过很多便利店，发现大部分便当里蔬菜的比例都太少，特别是绿叶蔬菜的含量少，所以建议大家搭配一小份蔬菜沙拉。我很少选择盒饭做午餐，一般情况下，我会买一份蔬菜沙拉，然后买一份白切鸡或者是卤牛肉搭配吃，主食会买一个饭团；有时候会买一杯脱脂拿铁搭配一个鸡肉卷。总而言之，就是在保证营养均衡摄入的前提下，优先选择低脂低糖的食物。很多女生因蔬菜摄入不足，就喜欢把吃麻辣烫当作摄取蔬菜的方式。这里要说一下，即使选择清汤，麻辣烫也不是吃蔬菜的最佳选择，麻辣烫的汤底热量就已经非常高了，而且盐和味精的含量也不低。

# 给胖友们的私房话

我在不到一年的时间里甩掉了相当于一个人的体重，得益于自律的生活。虽然吃饭、睡觉、喝水对于我们来说再平常不过，但越是小事越容易被忽视。很多天天跑步的人问我他们为什么一直瘦不下来，我说："三分练七分吃，运动了，还瘦不下来的问题基本上是吃得不科学。"

我从小就是个不爱运动的人。小时候因为骨骺炎导致膝盖疼，从三年级开始我就名正言顺地不上体育课了。虽然这个病 18 岁以后可以自行痊愈，但我依然靠这个理由顺利避开了大学的所有体育课甚至是军训。所以，我是比运动小白还小白的人，在接触健身的时候，我请了私教，很大一部分原因是害怕受伤，因为那时候我的体重基数太大，膝盖已经轻微变形。

我发现教练都很喜欢建议学员喝蛋白粉，在我看来，作为教练应该客观地传递给学员一些信息，至于吃或不吃，成年人有自己的判断力。大部分的健身教练都只会告诉你，这个可以吃或者不可以吃。很少有教练耐心地教一个学员，这个食物为什么不能吃，这是我健身两年来最大的感受。

食物的意义并不是非黑即白，比如牛油果是健康食物，但它富含 83% 的脂肪；橄榄油健康，但如果用橄榄油做菜，却不减少用量，同样有热量超标的风险。

这是我开始接触食品营养学的初衷。我想弄明白到底该怎样吃才能瘦。随着对营养学知识的积累，我对食物的态度越来越宽容。"食色，性也。"吃，不仅仅是为了果腹，更是人生最重要的乐趣之一。

饮食控制严苛，短期减脂效果会明显，但不利于长期坚持。如果不想太痛苦，就吃得放松一点，这有利于坚持，虽然减脂速度慢了点，但是反弹的风险也会小很多。

想找一个靠谱的健身教练，就要看这个教练会不会从每个学员的角度去定制课程。比如我体重基数特别大的时候，教练一直没让我练腿，一直到体重减到 90 公斤的时候才开始增加腿部训练。我曾经在本地的某生活论坛上做版主，有一个私教找到我，要免费指导我减肥，然后用我瘦下来的案例做广告。我妈妈知道这事时特别开心，然而我考虑了很久，不是不愿意案例被公开，而是还没想好控制饮食的方法。这个私教多次找我聊天，表示十分有把握把我变成瘦子。

我抱着"死马当活马医"的态度同意了。减肥开始的时候，他让我去医院做一次全面的体检，并且建议我做甲状腺功能检查：游离三碘甲状腺原氨酸、游离甲状腺素、促甲状腺激素和甲状腺球蛋白抗体，一切指标正常才开始。他当时并不要求我每天一定要做很多有氧运动，但对饮食控制得比较严苛，大多是吃玉米、馒头之类的，每天网上跟踪我的三餐，每周测量一次体重。因为减肥的意愿并不强烈，我几乎没有一天是按照餐单吃的，减了不到半个月就放弃了。

现在回忆起来，觉得教练减肥开始前的体检建议还是很用心的。肥胖的原因有很多种，到底是吃胖的还是身体原因，比如甲状腺功能减退或是胰岛素抵抗，找准原因才能对症下药。

不同教练擅长和注重的领域不同，就像对食物的判断一样，并不能简单地用好或不好来下结论。特别是对一个小白而言，想找一个靠谱的教练，前期的沟通特别重要。千万不要不好意思，尽可能多地说出你的诉求和疑问，才能看出对方是否用心。

另外，我要告诉大家一个很重要的概念：没有局部减肥。

很多减肥营销号经常会发布一些健身的视频，带一句"跟着做 1 个月，就可以瘦哪里哪里"的宣传语。然而你跟着练了 1 个月，发现围度纹丝不动。太多女生对于健身的理解就是动哪里就可以瘦哪里。我曾经看过一个比喻，形容得很贴切：局部肥胖就像凹凸不平的地面在下过雨之后形成的水洼，基因决定了哪个位置容易堆积脂肪。

局部减肥就像试图把水洼里的水清空，但只要周围有水，就根本不可能成功。只有当周围的水渐渐蒸发，水洼才会渐渐被清空；觉得自己大腿粗或者是手臂粗的人，要么是你对于健美的身材有误解，要么是你的体重控制得不够好。

很多姑娘在做有氧运动的时候穿暴汗服，逼迫自己出很多很多汗。运动时本来就很难坚持了，你还要增加它的难度，穿着很不舒服的暴汗服。运动要穿舒适、透气、快干的衣服，出汗只是加速身体里水分的蒸发，但脂肪的燃烧和出汗没有关系，和心率有关系。

有氧运动的心率范围：

初级公式：针对健康状况较差的人群。

目标心率 =(200- 年龄 )×(60%~80%)

60%~70% 主要用于减脂，70%~80% 主要用于提高心肺功能。

普通公式：针对普通人群。

目标心率 =(220- 年龄 )×(60%~80%)

60%~70% 主要用于减脂，70%~80% 主要用于提高心肺功能。

卡福能公式：针对身体素质较高的人群。

目标心率 =(220- 年龄 – 静止心率 )×(65%~85%)+ 静止心率

65%~75% 主要用于减脂，75%~85% 主要用于提高心肺功能。

对于胖子们来说，减肥，是把亏欠自己的人生再还给自己。在我自己成功吃瘦后，我开了减脂餐网络课，帮助近 10 万人重回健康、轻盈的人生。我想让"健康瘦"成为每个人的生活方式，而不仅仅是为了美丽、为了爱情、为了短暂的什么目的。

年龄的增长，让我们增加的只应该是智慧和阅历，而不应该是满脸的油腻。当健康地控制体重成为每个人的生活方式，我相信每个人都能享受更多的阳光雨露，远离病痛、远离自卑。

一个人，有自律才有自由。过自律的人生，享受自由的快乐，是我瘦下来以后最深的感受。这种美好的感觉，希望你们跟着这本书里的食谱进行操作的时候，也能慢慢找到。

# Q&A

**Q:** 66老师，您这种减肥方法除了改变饮食还需要配合运动吗？

**A:** 三分练七分吃，如果可以配合运动，就是满分操作。这本书里的减脂餐，意义在于培养一种低脂低糖的饮食习惯。减肥不是一朝一夕的事情，即使达到了满意的体重，也还要面临保持的问题。饮食习惯一旦培养起来，就可以变成一种自然而然的生活常态。

运动也是一样，如果不能变成一种习惯，停下来之后就会面临反弹。这个道理很简单，增加了运动就增加了热量消耗，自然会减得更快一些；但是一旦停止运动，消耗变少，热量就会囤积。有些人在停止运动的时候，饮食也会逐渐恢复重口味，这样反而会加速反弹。

**Q:** 这种方法 100% 能减肥成功吗？

**A:** 坚持健康低脂的饮食，早起早睡，有规律的运动，如果这些可以变成生活习惯，只要不是病理性的肥胖，都可以瘦下来。千万不要心急，不要把减肥当成唯一的目标，减肥是伪命题，改变生活习惯才可以发生真正的改变。

**Q:** 导致肥胖的原因是什么？

**A:** 如果不是因为病理性或者吃药导致的肥胖，一般来说就是因为懒。吃得多代表摄入得多，运动少就是消耗得少。就像浴缸（身体）接水，水龙头出来的水（摄入的热量）远远大于排出的水（消耗的热量），有些浴缸甚至几乎不排水了，结果水就溢出（脂肪超标）了。

**Q:** 怎么判断一个人的理想体重？

**A:** 我们需要理性面对身高和体重，同时测量自己的体脂含量，男性体脂率 15%~18%、女性体脂率 24%~28% 都属于正常值，超过了最高值代表脂肪含量过高。很多看起来不胖的人体脂率却很高，通常是因为不健康的饮食导致的内脏脂肪过多。所以在书中，我建议大家在开始减肥之前，先做一个全面的体检，首先要了解自己的身体，才能为自己制订合理的瘦身计划。

这里要提一下体脂秤，现在很多体重秤都带有测量体脂的功能了，我的学员中有人一天可以称三回。体脂和体重一样，没有必要秤得那么频繁，人一天中的体重是不一样的。体脂的测量要比体重复杂很多，家用体脂秤仅做参考，空腹或者吃了东西都会影响测量的结果。坚持良好的饮食习惯，再配合有规律的运动，会逐渐让体脂率进入下降的状态，从而达到自己的期望值。

我也问大家一个问题，你在意的到底是体重，还是好看的体形？

**Q:** 喝水对减肥重要吗？饮水量多少比较合适？

**A:** 　　重要。喝水太少，很难将体内多余的水分排出，每天保证充足的饮水量，目的就是增加新陈代谢，让体内被钠锁住的水分排出来。简单来说，多喝水的目的是多排水。晚上可以喝水，只要不在睡觉之前喝太多的水即可。有的人怕喝水太多会水肿，这不是水的问题，归根结底还是饮食问题。盐分在体内残留太多会影响水分的排泄，从而让脂肪囤积，导致水肿现象越来越严重。所以平时饮食上要减少食盐的摄入量，防止大量钠盐残留在体内无法代谢。

　　正常情况下，每日需水量与所消耗热量成正比，即每消耗1千卡的热量大约需要1毫升水。故一般成人每天需要2000~2500毫升的水。消耗热量越多，需水量越大。如果你运动中排汗多，失水量大，就需要及时合理地补充液体，才能维持体内的平衡。

**Q:** 饮酒对减肥的危害是什么？为什么？

**A:** 　　酒精是一种替代性能量，但这种能量可能会导致肥胖。酒精有毒性，所以喝酒之后，身体会首先燃烧掉酒精，直到酒精被全部去除。酒精也是有热量的，每克7千卡，当身体在燃烧酒精时，也就相当于酒精抢了脂肪的工作，这个时候脂肪只好被存储起来。所以，经常喝酒的人，容易变胖。

　　此外，酒精还会影响脂肪的氧化，影响蛋白质和碳水化合物的氧化，还会导致男性睾酮水平降低，对于减肥和增肌都是有影响的。

**Q:** 减肥过程中出现便秘怎么解决？

**A:** 　　水没有喝足、膳食纤维（蔬菜）摄入太少、饮食不合理或者睡眠不足都会导致便秘。有些学员问我，油吃得太少是不是也会导致便秘，我问为什么，学员告诉我，没了油，肠道得不到润滑。其实，食用油在摄入身体后，在脂肪酶的作用下会被分解成甘油和脂肪酸，然后它们会分别再被分解然后再合成，最终转化成身体所需的能量。油吃进去后并不是像润滑油一样存于肠道中。除了食用油，肉类、鸡蛋、坚果、牛油果、牛奶等食物中都含有脂肪。所以出现便秘的情况，首先要看整体饮食是不是吃得太少，然后再看下饮食结构，是否合理和多样化。睡眠也很重要，油不会润滑肠道，但是运动可以帮助肠道蠕动。

# Q&A

**Q:** 我想拥有马甲线，需要怎么做？

**A:** 马甲线是体脂低的一种表现，现在很多营销号的引导会让人有一种狂做腹部训练就可以拥有马甲线的错觉。其实最关键的还是饮食，除了要吃减脂餐，还要格外注意控制脂肪和糖的摄入，降低体脂，待微微能看到腹肌的时候，马甲线就出来了。腹肌每个人都有，只是被脂肪覆盖住了。如果不追求8块腹肌，靠吃减脂餐是可以让马甲线显露的。增加力量训练则可以让肌肉线条更好看，但想要增肌，比减肥还难，所以女生健身不必担心练成金刚芭比。

**Q:** 是否需要吃营养补给品？

**A:** 在我看来，健康的生活方式是无法替代的，它既包括均衡的饮食，也包括必要的运动。我们需要靠增加摄入的食物的种类，来均衡获取身体所需的各种营养素。顾名思义，营养补给品是用于补充营养的，在运动量大，或由于身体原因不能从食物中获取某种营养素的情况下，可能需要吃一些补给品来补充营养。不过，我建议，在服用任何补给品之前先咨询医生。

# 第四章

74道易学减脂餐：
这样吃，就能瘦！

# 准备工具

经常有人问我，有哪些好用的厨具？也有一些人常年吃外卖，厨房里除了冰箱、电饭煲，就只有一把炒菜的锅。在我心中，做健康减脂餐的厨具有一个排名，前三名分别是烤箱、不粘锅和铸铁锅。这三种厨具都可以轻松地做出无油的健康菜，特别是烤箱，对于新手而言，用起来几乎零失败。

① 烤箱

烤箱的种类有很多种，有带空气炸功能的烤箱，可以省下一个空气炸锅的空间，大家可以根据自己的需求选择。这里有一些建议：不要买太小的烤箱，至少要 30 升以上容量的，要放得下一口 20 寸的铸铁锅（含盖）；其次是温控，如果温控不准确，使用的时候就无法做到完全离人，时不时要注意食材的变化，还要再买一只烤箱温度计帮忙判断温度，很是麻烦。

② 养生壶

一个人吃饭用养生壶很方便，可以煮小份的粥，也可以煮小份的汤。特别是煮无糖秋梨水，用养生壶最好不过了。

③ 厨房剪刀

顾名思义就是厨房里使用的剪刀，鸡腿去皮去骨的时候用剪刀非常方便。特别是新手，如果切不好肉，可换用剪刀操作，切葱花时也是。

④ 土豆压泥器

它除了可以压土豆泥，还可以压紫薯泥、山药泥等淀粉含量高的蔬菜，压牛油果泥、鸡蛋泥同样没问题，番茄和草莓压起来也很是方便。如果喜欢吃番茄意面，可以将番茄压碎后再用平底锅小火熬成番茄浓汁。

⑤ 擦丝器

黄瓜丝？萝卜片？有了擦丝器就可以解决一切问题。

⑥ 常用调味料

研磨海盐：海盐的颗粒比较大，带着海洋的味道和淡淡的咸味，更凸显食材的鲜度。

研磨黑胡椒：研磨的黑胡椒香味比瓶装磨好的胡椒味道更浓郁一些。

橙香胡椒混合调料：橙皮、柠檬皮、黑胡椒、海盐的混合研磨装，口感带有一点点的果香。

肉桂粉：由肉桂或大叶清化桂的干皮和枝皮制成的粉末，气味芳香，我比较喜欢搭配酸奶或者燕麦粥。

大蒜香草调料：大蒜、洋葱、黑胡椒、茴香、罗勒、牛至、百里香的混合调味料。

香草调料：百里香。

⑦ 硅胶铲

硅胶厨具不仅耐高温易清洗，且环保无毒，是一种安全性极强的厨具。购买的时候要注意，产品需要有食品级环保认证。高质量的硅胶厨具在遇热遇冷都不应该有气味，在白纸上擦拭不会有掉色现象。

⑧ 硅胶烧烤夹

有时候炒菜不一定要用铲子，用夹子会更方便。有些烤制的食材中途取出翻面的话，用夹子更灵活。

**⑨ 不粘锅**

照片中是两把直径 20cm 的不粘锅，我几乎每天都要用到，可以用来无油煎蛋、无油炒菜、无油煎鱼等。小锅有小锅的好处，比如可以比较好地控制食材的重量，煎鸡蛋或者全麦饼也比较好操作。我还有一把直径 24cm 和 26cm 的不粘锅，用得比较少。教大家一个用小锅炒蔬菜的诀窍，就是用硅胶烧烤夹，这样就解决了锅小翻不动的问题。除了硅胶烧烤夹，硅胶长柄筷也很好用。

**⑩ 铸铁锅**

铸铁锅的安全性、密封性和保温性更好。密封性好的铸铁锅，可以让食材自身的水分在锅内循环，很多菜不需要一滴水，但是做出来之后依然有很多汤汁。像葱油鸡就是比较典型的无水烹饪的大菜，如果在出锅后不额外淋热油，减脂期间也是可以吃的。还有一点就是，铸铁锅可以在明火、电磁炉、电陶炉上使用，还可以进烤箱。铸铁锅可以煎、炒、炖、炸，像红酒炖牛肉等经典法餐也都是用铸铁锅来完成的。

**⑪ 豆浆机**

牛奶、酸奶、豆浆是几种可以选择的健康饮品，豆浆机可以做出含紫薯、红枣等多种口味的豆浆，让减脂期的生活一点也不枯燥。

**⑫ 双层不锈钢电蒸锅**

蒸是健康的烹饪方式之一。大部分人家里应该都有蒸笼，我之前也买过蒸烤一体的烤箱，最终还是喜欢这样独立的电蒸锅，小巧方便，智能控制时间。这样的厨具不是厨房的必需品，但是有一台就能提升下厨体验感。大家可以综合考虑，理性消费。

**⑬ 料理机**

不是必需品，同样也是一件可以提升下厨体验感的厨具。

**Q:** 达到什么标准的餐可以称为减脂餐？

**A:** 用低脂低糖、食材新鲜、无深加工食品制作的食材多样、营养均衡的餐食为减脂餐。

**Q:** 怎么计算每种食材的热量，怎么计算一餐所含营养成分的占比？

**A:** 食材的热量计算可以借助 APP 查询，比如薄荷健康 APP。现在的食物热量统计 APP 很智能，在录入了一天的饮食后，它就可以统计出三餐的热量占比，并会标示出哪些食物是脂肪含量较高的，哪些食物是蛋白质含量较高的，哪些是碳水化合物。不过，软件毕竟是软件，大家要活学活用，不要被 APP 自身的评分机制约束。每个人都是独立的个体，体质差异也是千差万别，并不是所有人早上都要吃同样的热量，也不是所有人都适合加餐，大家要敢于尝试，找到最适合自己的饮食模式。

食物热量的查询只是帮助你认识和了解食物。新鲜的食材没有绝对的好或不好，也不存在可以减肥的食物，最多是热量低的食物，例如黄瓜、番茄，吃 0.5 千克也很难长胖，但长期只吃单位热量低的食物，必定会造成营养的缺失。比如"大姨妈"不来、掉头发等现象，都是营养不良的体现。像奶酪虽然单位热量很高，但是营养密度很高。食物本身都没有错，关键是要合理搭配和采用健康的烹饪方式，多样化的饮食可以让营养吸收得更全面。

**Q:** 一日三餐怎么搭配比较好？只要注意摄入的热量不超标就可以吗？

**A:** 总的来说，只要一天摄入的所有热量不超过自身的日常消耗代谢，有热量赤字，就可以瘦。但是晚上睡觉前三四个小时，最好不要吃热量太高的食物。

每个人的情况都不一样，有的人喜欢早上运动，有的人喜欢下午运动，有的人喜欢夜跑。没有哪一个时间段运动是绝对好的，低血糖的人空腹运动是会晕倒的。所以，三餐的配比也要根据自己的实际情况来搭配。有些人晚上容易饿，那么三餐的热量分配可以均匀一些，或者是实行多餐制。早上起床没有胃口的人，可以将早餐比例减少一点，但要吃得精，碳水化合物、蛋白质和脂肪都不能少。

晚上尽量少吃碳水化合物，多吃膳食纤维和高蛋白的食物。如果晚上运动，运动完之后可以适量补充一些碳水化合物。

# Q&A

Q: 请列出推荐的减脂食材 TOP10，及最应躲避的食材 TOP10。

A: 　　碳水化合物类食材，也就是大家通常理解的主食类推荐：全麦粉、糙米、燕麦、荞麦。这些都是全谷物，全谷物中的可消化碳水化合物被粗纤维组织包裹，人体消化吸收速度较慢，因而能很好地控制血糖；同时全谷物中锌、铬、锰、钒等微量元素有利于提高胰岛素的敏感性，对糖耐量受损的人很有帮助。全谷物的血糖生成指数比精致米、面低得多，在吃同样数量时具有更好的饱腹感，有利于控制食量，从而帮助减肥。减脂食材推荐芹菜、西蓝花、牛奶、鸡胸肉、瘦猪肉、三文鱼等。

　　芹菜，含有蛋白质，钙、铁的含量也很高。这种膳食纤维含量高、能饱腹、总热量低却营养密度很高的蔬菜，我不得不推荐给大家。膳食纤维在胃内吸水膨胀，可形成较大的体积，使人产生饱腹感，有助于减少食量，对控制体重有一定作用。

　　西蓝花，是减肥和增肌的人无一例外都要吃的绿色蔬菜，西蓝花含有的叶酸可以为身体提供正常的能量，大量的纤维可以饱腹又能促进消化道的平滑蠕动。这棵绿色蓬蓬头，还含有丰富的植物蛋白。做力量训练的时候，我们需要补充蛋白质的摄入，这是肌肉修复与生长的基础原料。

　　牛奶，营养成分很高，所含矿物质种类也非常丰富，比如钙。

　　鸡胸肉，蛋白质含量很高，但热量却非常低。100 克的去皮鸡胸肉，热量只有 133 千卡；其中只有约 5 克脂肪。鸡胸肉最大的一个缺点就是不好做，口感很柴，但它能够带来强烈的饱腹感，可以降低食欲，防止暴饮暴食。鸡胸肉里面还含有咪唑二肽，这种物质能够改善人的记忆力，缓解人体因为运动等产生的疲劳感。

　　瘦牛肉，是蛋白质最多、脂肪最少、血红素铁最丰富的肉类之一，其热量在肉类中属于较低的，几乎与大多数鱼类相当。牛肉还富含微量元素，在口感上，也比较容易满足喜欢肉食的人群。

　　三文鱼，这种脂肪含量并不低的鱼类食材，要隆重推荐，因为它富含有益脂肪，并且是非常难得的 ω-3 脂肪酸，人体非常需要它但只能从食物比如深海鱼、海藻等中摄取。三文鱼也属于高蛋白食物，并且不含碳水化合物，因为富含油脂，技术烹饪的时候不再添加食用油，口感也非常细腻，是我个人非常喜欢的食材。

　　其实好的食材远远不止这 10 种，还有鸡蛋、杏仁等食材，都是非常好的。减脂期间的热量摄入本来就要小于普通人，所以更要注意营养的摄入，如果真的等到疾病出现的那天才重视就已经晚了。

　　要躲避的食物：薯条、薯片、汉堡、炸鸡、香肠、可乐、甜点、奶茶、烧烤、比萨。这些都是高油脂、高糖、高钠的食物，不仅会导致热量摄入超标引起肥胖，其中富含的"坏"脂肪，很容易诱发心血管病等疾病。

**Q:** 本书中您多次提到"无油烹饪"，这种烹饪方式需要注意什么？

**A:** 无油烹饪就像川菜、湘菜一样，只是一种烹饪方式。没有加油的烹饪方式不代表人体没有摄入脂肪。比如鸡蛋里的蛋黄就是很好的脂肪来源，如果我们用油煎鸡蛋，只会增加不必要的热量，所以建议减脂期的你使用不粘锅来制作无油煎蛋。还有本书中多次出现的铸铁锅，可以很好地锁住食材本身的水分和营养，而牛肉、鸡肉自身都富含脂肪，用铸铁锅做的无油番茄牛肉，味道不比红烧出来的差。

好吃的食物，通常脂肪和糖的含量都不低，因为高脂高糖可以带来更丰富的口感。无油烹饪要注意粘锅和食材口感太柴两个问题，前者用不粘锅即可解决，后者要注意烹饪食物时控制水分。如果你是烹饪新手，比较推荐使用蒸锅和烤箱这两种工具来完成。

**Q:** 如果没有烤箱或蒸箱，可以用别的工具替换吗？

**A:** 做减脂餐必要的三种工具是烤箱、不粘锅和铸铁锅，如果这三样里面只能选一样的话，那就是烤箱。烤箱不太好替换，现在烤箱也比较普及，价格从 300 元起步，可以根据自己的需求添置一台。如果没有蒸箱的话，可以用普通家用的蒸锅替代。

**Q:** 食谱中有的食材家里没有或者不愿意吃怎么办，有没有替代方案？

**A:** 食谱中的食材除了热量的考虑，还有一些是从营养方面来考虑的。像调味类的蔬菜，有一些我也给出了可选的建议，不喜欢可以不用。如果有些食材没有买到，尽量替换成营养成分比较相似的食材。例如苦瓜的热量非常低，并且维生素 C 的含量比橙子还要高，钾的含量也很高，有利于消除水肿，但是很多人不喜欢吃苦瓜，书中有用苦瓜做的鸡蛋全麦饼，这里就可以替换成韭菜，韭菜也是富含钾并且热量很低的蔬菜。

**Q:** 我平时会长痘痘，饮食上需要注意什么？

**A:** 在减肥之前，我也有很多痘痘，脸上的皮肤也很油，这和饮食有很大的关系。保持清淡饮食和早睡，不到一年的时间，我的皮肤就变好了。胖的时候内分泌紊乱，每次一吃橘子第二天脸上准爆痘，那个时候肠胃也不好，像韭菜这样不好消化的食物都是不敢碰的。现在吃橘子不会长痘痘了，韭菜也可以吃了。所以良好的生活习惯不仅仅让我瘦了下来，身体的很多指标都在朝好的方向发展。我们一定要好好爱惜自己的身体。

| 总热量：约 401 千卡 | | |
|---|---|---|
| 项目 | 重量 | 热量占比 |
| 碳水化合物 | 约 57.6g | 50% |
| 蛋白质 | 约 26.8g | 23% |
| 脂肪 | 约 13.8g | 27% |

时 长：10 分钟　　人 数：1 人份

卷心菜通常比较大，每次烹饪之前需拆下需要食用的叶片清洗，再将不用的部分用厨房纸包好，然后以食品袋密封放在冰箱冷藏室，这样可以延长卷心菜的保存时间。

# 卷心菜牛肉热三明治 + 黑豆豆浆 + 浆果

## 所需食材

| 全麦吐司 | 2 片 | 黄豆 | 20g |
|---|---|---|---|
| 卷心菜 | 80g | 树莓 | 10g |
| 卤牛肉 | 70g | 蓝莓 | 10g |
| 黑豆 | 20g | | |

## 所需调料

| 海盐 | 适量 |
|---|---|
| 黑胡椒 | 适量 |

## 所需工具

| 三明治机 | 1 台 |
|---|---|

## 准备工作

01. 黑豆和黄豆需提前一晚用清水浸泡，室温超过 15℃时需要放在冰箱里；
02. 早上起床第一件事就是把泡好的黑豆和黄豆放入豆浆机，加水，选择好豆浆研磨程序；
03. 将卷心菜叶子洗净，沥干水分，切成丝；
04. 将卤牛肉切碎；
05. 将树莓、蓝莓洗净，沥干水分。

## 做　　法

01. 不粘锅以大火预热，放入卷心菜丝炒软；
02. 将卷心菜丝铺在吐司上，再将卤牛肉碎铺在卷心菜丝上；
03. 用另外一片吐司夹住，之后整个放入三明治机中加热；
04. 豆浆好了后过一遍滤网，口感会更顺滑。

> 现在市面上大部分的豆浆机都可以直接打磨干豆了，不过在条件允许的情况下，还是建议提前一晚用清水浸泡豆子，这样打出来的豆浆味道更加浓郁。

| 总热量：约 164 千卡 | | |
| --- | --- | --- |
| 项目 | 重量 | 热量占比 |
| 碳水化合物 | 约 46.8g | 45% |
| 蛋白质 | 约 15.2g | 15% |
| 脂肪 | 约 18.4g | 40% |

时 长：10 分钟　人 数：1 人份

被称为 " 森林奶油 " 的牛油果，口感柔滑细腻，直接切片食用可能口味较为平淡，和鸡蛋一起压碎，制作成吐司的夹馅，会为全麦吐司带来丰厚的口感，操作起来也十分方便快捷，是快手早餐的良好选择。

# 牛油果鸡蛋全麦吐司

## 所需食材

| 牛油果 | 半个 |
| --- | --- |
| 鸡蛋 | 1 个 |
| 全麦吐司 | 2 片 |

## 所需调料

| 海盐 | 适量 |
| --- | --- |
| 黑胡椒 | 适量 |

## 所需工具

| 压泥器 | 1 个 |
| --- | --- |

## 准备工作

01. 将牛油果对半切开，去皮切块；
02. 将鸡蛋煮熟，去壳切成 4 瓣。

## 做　　法

01. 取一只平底大碗，把牛油果和水煮蛋放入，用压泥器压成混合的泥；
02. 根据个人口味，适量添加海盐和黑胡椒，搅拌均匀；
03. 取不粘锅以大火预热，2 分钟后转为小火；
04. 以小火加热全麦面包片，每半分钟翻一次面；
05. 把鸡蛋牛油果泥均匀地涂抹在面包片上，将两片面包压紧；
06. 切成适合食用的大小即可。

> 时间和条件允许的时候，可以自己在家制作全麦吐司。在市面购买全麦吐司时，记得多对比食材成分，尽量选择全麦成分较高的。暂时不吃的吐司可以用密封袋装好放在冰箱冷冻层保存，吃的时候取出加热即可。

| 总热量：约 288 千卡 | | |
|---|---|---|
| 项目 | 重量 | 热量占比 |
| 碳水化合物 | 约 32.9g | 49% |
| 蛋白质 | 约 20.3g | 31% |
| 脂肪 | 约 8.5g | 20% |

时　长：30 分钟　　人　数：1 人份

豆腐是非常常见的黄豆制品，不同地区制作豆腐的方法略有不同，因此营养成分也有所差别。整体来讲，豆腐的蛋白质含量丰富，所提供的脂肪酸大部分都是不饱和脂肪酸，是历史悠久的健康食品。

# 三鲜豆腐汤 + 水果

## 所需食材

| | | | |
|---|---|---|---|
| 鲜虾仁 | 100g | 脆柿 | 半个 |
| 蟹味菇 | 100g | 猕猴桃 | 1 个 |
| 嫩豆腐 | 100g | 草莓 | 2 颗 |
| 香葱（可选） | 4g | 姜 | 2 片 |

## 所需调料

| | | | |
|---|---|---|---|
| 海盐 | 适量 | 生抽 | 半勺 |
| 胡椒 | 适量 | 芝麻油 | 2g |

## 准备工作

01. 将去壳后的虾仁去掉虾线，洗净、沥水；

02. 蟹味菇去根，洗净沥水；

03. 嫩豆腐洗净、切块；

04. 香葱洗净、切碎；

05. 将所有水果洗净、切丁后混合。

## 做　　法

01. 锅中倒入适量的水，放入姜片，中火烧至水滚后放入豆腐，加盖以
    小火煮 10 分钟；

02. 放入蟹味菇继续煮 5 分钟；

03. 最后放入虾仁，加适量海盐、生抽和胡椒调味，关火；

04. 淋芝麻油，撒葱花即可。

鲜虾和蟹味菇都带有天然的鲜味，搭配豆腐煮汤，本身就十分鲜美，因此不用另外添加味精或鸡精。
减脂期间最好尽量展现食材本身的味道，减少调味料的影响。

| 总热量：约 310 千卡 | | |
| --- | --- | --- |
| 项目 | 重量 | 热量占比 |
| 碳水化合物 | 约 23.9g | 31% |
| 蛋白质 | 约 32.0g | 41% |
| 脂肪 | 约 9.5g | 28% |
| 时 长：30 分钟 | 人 数：1 人份 | |

贝贝南瓜又叫作栗面南瓜，个头小巧可爱，有着南瓜的香甜和板栗的粉糯，烹饪后连皮都可以吃，适合咀嚼能力较弱的老人和儿童。贝贝南瓜不仅外观诱人，还含有丰富的胡萝卜素，硒元素的含量也很高，小小一个，非常适合减脂期间一人食用。

# 金枪鱼蔬菜沙拉 + 贝贝南瓜 + 牛奶

## 所需食材

| | | | |
|---|---|---|---|
| 球形生菜 | 40g | 水浸金枪鱼 | 80g |
| 紫甘蓝 | 20g | 贝贝南瓜 | 200g |
| 荷兰豆 | 20g | 小番茄 | 3 颗 |
| 西蓝花 | 60g | 牛奶 | 180ml |

## 所需调料

| | | | |
|---|---|---|---|
| 研磨海盐 | 适量 | 意大利黑醋 | 1 勺 |
| 研磨黑胡椒 | 适量 | 橄榄油 | 2g |
| 生抽 | 1 勺 | | |

## 准备工作

01. 用小苏打清洗贝贝南瓜表面，洗净后切小瓣、去瓤，放进蒸锅蒸 25 分钟；
02. 将西蓝花处理成小朵，洗净、焯水；
03. 将荷兰豆洗净去丝，焯水待用；
04. 将球形生菜和紫甘蓝洗净，甩干水分；
05. 将小番茄切片；
06. 将金枪鱼用叉子粉碎。

## 做　　法

01. 将生菜和紫甘蓝用手撕成小片；
02. 将所有蔬菜和金枪鱼混合成金枪鱼蔬菜沙拉；
03. 将少许生抽、黑醋、黑胡椒、海盐与橄榄油混合，调成油醋汁，吃的时候淋在沙拉上即可。

清洗南瓜这类表面有凹槽的食材，小苏打是秘密武器。清洗时先冲洗掉食物表面的泥沙，再将其放入小苏打溶液中稍加浸泡，最后用清水冲洗干净，这样能有效地去除食材表面的残留农药。需要注意的是，购买小苏打时一定记得选择食用级别的。

| 总热量：约 311 千卡 | | |
|---|---|---|
| 项目 | 重量 | 热量占比 |
| 碳水化合物 | 约 32.7g | 43% |
| 蛋白质 | 约 34.4g | 32% |
| 脂肪 | 约 8.2g | 25% |

时 长：25 分钟　　人 数：1 人份

本书食谱中常常用到海盐，海盐在营养成分上和普通食盐并无太大区别，只是某些海盐的矿物质含量可能会多一些。普通食盐粉末较细，一不小心就会添加过量，而海盐往往需要现磨才能加入食材，比较好控制用量。这种小小的改变也是让饮食更健康的小诀窍哦。

# 黑椒芦笋三文鱼＋脱脂牛奶＋麦片

**所需食材**

| 即食麦片 | 2 块 | 三文鱼 | 70g |
|---|---|---|---|
| 脱脂牛奶 | 180ml | 芦笋 | 150g |

**所需调料**

| 生抽 | 1 茶匙 |
|---|---|
| 黑胡椒 | 适量 |
| 海盐 | 适量 |

**准备工作**

01. 将芦笋的根部削皮，洗净后以斜刀切段；

02. 三文鱼洗净，用厨房纸擦干其表面水分。

**做　　法**

01. 芦笋焯水；

02. 不粘锅以大火预热后，放入三文鱼，转中火慢煎；

03. 三文鱼两面煎熟后，用硅胶铲将其在锅中铲碎；

04. 加入芦笋，大火翻炒 1 分钟；

05. 加生抽、黑胡椒调味，翻炒均匀后出锅，搭配即食麦片食用即可。

三文鱼主要生存于海洋中，作为海产品，它本身就带有一定咸味，所以烹饪过程中应尽量少添加或不添加盐。健康饮食的一大原则是尽量减少复杂的调味，还原食物本身的味道。中国人喜欢重油重盐烹饪，这种饮食习惯对身体会造成较大负担，不论是否减脂，都要尽量以低油低盐的方式来制作食物。

| 总热量：约 453 千卡 | | |
|---|---|---|
| 项目 | 重量 | 热量占比 |
| 碳水化合物 | 约 58.6g | 51% |
| 蛋白质 | 约 30.6g | 27% |
| 脂肪 | 约 11.3g | 22% |
| 时 长：30 分钟 | 人 数：1 人份 | |

水煮鸡胸肉可以提前一晚制作，蔬菜也可以提前一晚洗好，这样第二天就可以节省时间，变成 10 分钟的快手减脂餐。提前写好第二天的饮食计划，不仅可以节省时间，还有助于客观选择食材，避免第二天感到饿的时候才想起"吃什么"这个问题，这种"临时的决定"很容易令人摄入高脂高糖食物，从而摄入过多热量。

# 银芽杂蔬凉拌鸡丝荞麦面 + 酸奶

## 所需食材

| | | | |
|---|---|---|---|
| 鸡胸肉 | 80g | 秋葵 | 50g |
| 绿豆芽 | 90g | 苦苣 | 20g |
| 生菜 | 20g | 荞麦面 | 50g |
| 紫叶生菜 | 20g | 无糖酸奶 | 180ml |

## 所需调料

| | | | |
|---|---|---|---|
| 生抽 | 1勺 | 自制剁椒酱 | 1勺 |
| 意大利黑醋 | 1勺 | 黑胡椒 | 适量 |
| 苹果醋 | 半勺 | 芝麻油 | 3g |

## 准备工作

01. 将生菜、秋葵、豆芽、苦苣洗净，沥水；鸡胸肉洗净，待用；

02. 将秋葵和豆芽分别焯水1分钟；鸡胸肉用清水煮熟；

03. 以汤锅烧水，水开后下荞麦面，煮8分钟，捞起后过冰水。

## 做　　法

01. 将生菜和苦苣用手撕成小片，鸡胸肉撕成丝，和秋葵、豆芽一起码放
在荞麦面上；

02. 将生抽、意大利黑醋、苹果醋和剁椒酱混合，最后加芝麻油，调成酱汁；

03. 将调好的酱汁淋在杂蔬鸡丝荞麦面上，均匀拌开即可。

与其说减肥是一个目标，倒不如说是一个培养良好生活习惯的过程。只有在减肥的过程中了解自己的身体，增强自律能力和对生活的规划能力，并且在达到想要的身体状态后继续保持，以科学健康的方式生活,才能真正地实现减肥目标。

# 鸡蛋焗素饺西蓝花 + 脱脂牛奶

**总热量**: 约 342 千卡

| 项目 | 重量 | 热量占比 |
|------|------|----------|
| 碳水化合物 | 约 32.0g | 37% |
| 蛋白质 | 约 28.3g | 33% |
| 脂肪 | 约 11.3g | 30% |

**时 长**: 30 分钟　　**人 数**: 1 人份

## 所需食材

| 西蓝花 | 100g | 鸡蛋 | 2 个 |
|--------|------|------|------|
| 素馅饺子 | 4 个 | 脱脂牛奶 | 200ml |

## 所需调料

| 研磨海盐 | 适量 | 研磨黑胡椒 | 适量 |
|----------|------|------------|------|

## 准备工作

01. 将冷冻的素馅饺子放入蒸箱蒸 15 分钟;
02. 将西蓝花处理成小朵,洗净焯水,沥干待用;
03. 将鸡蛋打入碗中,搅打均匀;
04. 以 180℃ 预热烤箱。

## 做　　法

01. 将蒸好的素饺放在烤盘里,把西蓝花铺在旁边;
02. 将蛋液倒入烤盘中;
03. 将烤盘送入烤箱以 180℃ 烤 25 分钟即可。

明黄色的鸡蛋搭配绿油油的西蓝花,令人食欲大开,健康又营养。制作时选择小一些的烤盘,保证蛋液可以包裹住饺子和西蓝花,吃起来才会口口都满足哦。制作过程中不需要加调料,在吃的时候可以根据自己的咸淡喜好撒上适量研磨海盐和黑胡椒。两个鸡蛋的热量约有 177 千卡,其中脂肪占比 55%,所以这道早餐搭配的是一杯脱脂牛奶。

# 金针菇酱油荞麦 + 秋葵 + 海苔 + 鸡蛋

**总热量:** 约 451 千卡

| 项目 | 重量 | 热量占比 |
|------|------|---------|
| 碳水化合物 | 约 51.3g | 47% |
| 蛋白质 | 约 23.9g | 22% |
| 脂肪 | 约 14.9g | 31% |

**时 长:** 20 分钟　**人 数:** 1 人份

## 准备工作

01. 将金针菇洗净，切小段，焯水 1 分钟后沥干；

02. 将秋葵洗净，焯水 1 分钟后沥干，再斜刀切小段；

03. 将海苔用剪刀剪成细碎的海苔条；

04. 将树莓洗净，沥水；

05. 用汤锅烧水；

06. 用水壶烧水。

## 做　　法

01. 汤锅里的水开后，下荞麦面煮 8 分钟；

02. 取一个碗，倒入生抽、陈醋和芝麻油；

03. 将水壶里的开水倒入碗中，然后把煮好的荞麦面放入碗中，再把金针菇、秋葵和鸡蛋依次放入，最后撒上海苔即可。

04. 将树莓放入无糖酸奶中。

> 厨房中准备一两把好用的剪刀，用于肉类去皮去骨，处理葱花、韭菜、辣椒等长条状食材，或者去除虾须蟹壳。

有人爱也有人恨的秋葵、木耳菜、丝瓜等蔬菜，共同的特点是吃起来有黏糊糊的口感，这种口感来自蔬菜中含有的果胶和纤维素，它们有助于帮助肠道菌群维持平衡，促进肠道蠕动，减轻便秘，并且稳定血糖和血脂水平。

### 所需食材

| 金针菇 | 100g | 树莓 | 10g |
|--------|------|------|-----|
| 荞麦面 ( 干 ) | 50g | 水煮鸡蛋 | 1 个 |
| 秋葵 | 100g | 无糖酸奶 | 150ml |
| 海苔 | 3g | | |

### 所需调料

| 生抽 | 1 勺 |
|------|------|
| 陈醋 ( 可选 ) | 半勺 |
| 芝麻油 | 2g |

| 总热量：约 297 千卡 | | |
|---|---|---|
| 项目 | 重量 | 热量占比 |
| 碳水化合物 | 约 36.7g | 48% |
| 蛋白质 | 约 26.7g | 34% |
| 脂肪 | 约 6.2g | 18% |

时 长：40 分钟　　人 数：1 人份

火龙果含有丰富的维生素、水溶性膳食纤维以及植物性白蛋白。白蛋白是一种胶质性的物质，形成了火龙果肉略带黏性的口感，对于重金属中毒有解毒功效。尽管火龙果口感偏酸，但它的碳水化合物含量是相对较多的，因此这道减脂餐无须另外添加主食。

# 无油烤番茄西蓝花鸡胸肉
# +火龙果沙拉

## 所需食材

| 火龙果 | 半个 | 鸡胸肉 | 100g |
|--------|------|--------|------|
| 蓝莓 | 10 颗 | 西蓝花 | 120g |
| 树莓 | 3 颗 | 白洋葱 | 50g |
| 小番茄 | 10 颗 | | |

## 所需调料

| 生抽 | 1 勺 |
|------|------|
| 蚝油 | 1 勺 |
| 盐 | 适量 |
| 黑胡椒 | 适量 |

## 准备工作

01. 将小番茄洗净沥干，对半切开；

02. 将西蓝花掰成小朵，洗净沥干；

03. 将鸡胸肉洗净沥干，切成小块；

04. 将白洋葱去皮，洗净后切丁；

05. 将火龙果去皮，切丁；蓝莓、树莓洗净，备用；

06. 烤箱以 200℃预热。

烤鸡胸肉的时候添加一些番茄，其渗出的汁水包裹住鸡胸肉，会带来更加柔软的口感。小番茄烤制以后不会抢夺主要食材的风味，还会使食材更加鲜嫩，可以说是烤箱菜的得力搭配。

## 做　　法

01. 取一个铸铁锅，把小番茄铺在锅底；

02. 把白洋葱丁铺在锅中；

03. 把西蓝花铺在锅中；

04. 在鸡胸肉两面撒上盐和黑胡椒，按摩均匀，放入锅中；

05. 在鸡胸肉上再铺一层西蓝花；

06. 取 1 勺生抽和 1 勺蚝油，调成酱汁，搅拌均匀后浇在锅中食材上；

07. 铸铁锅加盖，送入烤箱，以 200℃烤制 35 分钟；没有铸铁锅的话可以用其他带盖烤碗或锡纸密封替代；

08. 出锅后仅食用食材，不要喝汤；

09. 火龙果切丁后加入蓝莓和树莓。

| 总热量: 约 378 千卡 | | |
|---|---|---|
| **项目** | **重量** | **热量占比** |
| 碳水化合物 | 约 33.6g | 37% |
| 蛋白质 | 约 31.7g | 35% |
| 脂肪 | 约 11.4g | 28% |
| 时 长: 30 分钟 | 人 数: 1 人份 | |

# 什锦烤蔬菜鸡胸肉 + 秋葵蛋羹
# + 水果碟

## 所需食材

| | | | | | |
|---|---|---|---|---|---|
| 鸡胸肉 | 100g | 红椒 | 半个 | 桃子 | 半个 |
| 香菇 | 4 个 | 黄椒 | 半个 | 橙子 | 半个 |
| 小番茄 | 3 颗 | 鸡蛋 | 1 个 | | |
| 芦笋 | 2 根 | 秋葵 | 2 根 | | |

## 所需调料

| | | | |
|---|---|---|---|
| 芝麻油 | 2 滴 | 黑胡椒 | 适量 |
| 海盐 | 适量 | 孜然 | 适量 |
| 生抽 | 适量 | | |

## 准备工作

01. 将所有蔬菜洗净沥水，红椒、黄椒切块，秋葵切厚片；

02. 蒸锅中加水以大火煮开；

03. 将芦笋尾部去皮，每根切成 3~4 段；

04. 鸡胸肉洗净，用厨房纸擦干其表面水分，并横切成 0.5 厘米左右厚薄的肉片；

05. 将鸡蛋打入碗中，加少许盐搅打均匀，再少量多次地加入 75ml 清水混合均匀。

## 秋葵蛋羹做法

01. 将蛋液用滤网过滤一遍，过滤掉气泡使蛋液更顺滑，盛到蒸碗中，放入秋葵，盖上盖子放入蒸锅中；

02. 蒸 10 分钟后关火，再闷 3 分钟取出；

03. 将 2 滴芝麻油淋在蒸好的蛋羹上调味。

提到减脂，我们就会想到鸡胸肉。鸡胸肉用水煮后口感很容易发柴，烤的话则会获得更好的口感。和什锦蔬菜一起烤制，让这一顿早餐既营养丰富又省时省力。秋葵蛋羹使用蒸制法烹饪，一顿饭可以完全不见油烟。我们不仅仅要追求食用时的轻快健康，还要让烹饪的过程也令人享受。

## 烤蔬菜、鸡胸肉的做法

01. 将烤箱以 200℃预热；

02. 烤盘中铺一张油纸，依次放入香菇、小番茄、芦笋、红椒块和黄椒块，最后把鸡胸肉铺在旁边，如果烤盘不够大，可以把鸡肉改刀成条然后插空铺在油纸上；

03. 均匀地撒入适量海盐，薄薄地刷一层生抽，黑胡椒和孜然可根据自己的口味随意添加；

04. 将以上食物送进烤箱烤 25 分钟，香菇如果小而薄的话，可以在 15 分钟的时候提前取出。

## 水 果 碟

01. 桃子去皮，切成 3 瓣；

02. 橙子先切成 3 瓣，再去皮；

03. 桃片、橙片依次叠放在果盘中即可。

| 总热量：约 378 千卡 | | |
|---|---|---|
| 项目 | 重量 | 热量占比 |
| 碳水化合物 | 约 58.8g | 64% |
| 蛋白质 | 约 16.8g | 19% |
| 脂肪 | 约 6.8g | 17% |

时 长：30 分钟　　人 数：1 人份

《中国居民膳食指南》中提出，建议居民每天的添加糖摄入量不超过 50g，若能控制在 25g 内更佳。这里的"添加糖"指的是食物本身所含糖分之外的成品糖，如白砂糖、红糖、冰糖和各类糖果等等。糖摄入过多会损害口腔健康，引起肥胖，增加患 2 型糖尿病、高血压等疾病的风险，切不可为了贪吃而随意添加哦。

# 南瓜小米粥 + 韭菜炒蛋 + 无油煎杏鲍菇 + 蔬菜沙拉

## 所需食材

| | | | | | |
|---|---|---|---|---|---|
| 小米 | 25g | 杏鲍菇 | 100g | 青椒（小） | 1 个 |
| 南瓜 | 100g | 紫甘蓝 | 15g | 橙子 | 半个 |
| 韭菜 | 150g | 鸡蛋 | 1 个 | 苹果 | 半个 |

## 所需调料

| | |
|---|---|
| 海盐 | 适量 |
| 黑胡椒 | 适量 |
| 生抽 | 适量 |

## 准备工作

01. 将韭菜提前洗净，沥干水分，切段；
02. 将杏鲍菇切片，待用；
03. 将南瓜切小丁，小米淘洗干净；
04. 将鸡蛋在碗中搅打均匀；
05. 将紫甘蓝和青椒洗净，切丝混合在一起；
06. 将橙子、苹果去皮切片，放入水果碟中。

## 做　　法

01. 在不粘奶锅里倒入 400ml 清水，煮开后加入小米，开盖煮 10 分钟后加入南瓜丁，转中小火半盖着煮 15 ~ 20 分钟；
02. 不粘锅以大火预热，先无油炒鸡蛋，盛起；
03. 然后热锅，继续无油炒韭菜，点水一次，转中火；
04. 韭菜开始变软时再点水一次，继续翻炒至韭菜变为深绿色，之后加入炒好的鸡蛋；
05. 转中小火，根据自己的口味添加适量生抽、黑胡椒，翻炒均匀即可出锅；
06. 另起不粘锅以大火预热，放入所有的杏鲍菇片，转中小火慢煎；
07. 用烧烤夹给杏鲍菇翻面，煎至两面金黄后关火，撒少许海盐和黑胡椒调味即可。

一碗甜甜的粥，总是给肚子和心情都带来满足感。许多小伙伴做粥时喜欢放白糖来增加甜味，殊不知粥状的食材本来就比较好消化，升糖指数较高。以升糖指数更低的小米来替代白米煮粥，烹调得当，一样会获得绵甜口感，而加入南瓜不仅可以提供更健康的甜味，还可以增加粗纤维的摄入。

| 总热量： 约 391 千卡 | | |
|---|---|---|
| 项目 | 重量 | 热量占比 |
| 碳水化合物 | 约 43.7g | 44% |
| 蛋白质 | 约 38.6g | 38% |
| 脂肪 | 约 8.0g | 18% |

时　长：30 分钟　　人　数：1 人份

鹰嘴豆比较硬，直接煮熟需要很长时间，所以需要先用清水泡软。很多谷物烹饪都需要用到类似的方法，
浸泡过的鹰嘴豆彻底煮熟以后口感是粉糯绵软的。如果某种食材你觉得不好吃，或许是烹饪方法有问题哦。

# 牛肉白菜豆腐锅 + 水果

## 所需食材

| | | | |
|---|---|---|---|
| 大白菜 | 150g | 鹰嘴豆 ( 干 ) | 30g |
| 瘦牛肉 | 120g | 火龙果 | 70g |
| 嫩豆腐 | 70g | 樱桃 | 5 颗 |
| 蒜苗 ( 可选 ) | 50g | 草莓 | 2 颗 |

## 所需调料

| | | | |
|---|---|---|---|
| 海盐 | 适量 | 生抽 | 1 勺 |
| 胡椒 | 适量 | 橄榄油 | 2g |

## 准备工作

01. 将鹰嘴豆提前一晚用清水浸泡，室温超过 15℃时需要将其放在冰箱里；

02. 将牛肉洗净，沥干水分切薄片，用生抽和胡椒腌制 10 分钟；

03. 将大白菜洗净，切段；

04. 将豆腐洗净，切块；

05. 将蒜苗去皮洗净，斜刀切段；

06. 将水果洗净，切开摆盘；

07. 将烤箱以 180℃预热。

## 做　　法

01. 烧一锅水，水开后下鹰嘴豆煮 8 分钟；

02. 将铸铁锅以中火加热，淋少许橄榄油，先炒软大白菜；

03. 然后放入豆腐、蒜苗和牛肉；

04. 铸铁锅加盖送进烤箱，以 180℃烤 25 分钟；

05. 最后加入适量海盐和胡椒调味即可。

> 调味所用的生抽建议选择低盐类型的，以控制钠的摄入。腌制牛肉的时间不需
> 要太长，稍稍入味即可。因为牛肉已经腌制过，烹饪过程不要再加入太多的盐。

| 总热量：约401千卡 | | |
| --- | --- | --- |
| 项目 | 重量 | 热量占比 |
| 碳水化合物 | 约43.7g | 44% |
| 蛋白质 | 约29.2g | 29% |
| 脂肪 | 约12.1g | 27% |

时 长：10分钟　　人 数：1人份

外面餐馆的馄饨为了增加口感，时常在馅料和汤料当中添加猪油，但在家以馄饨制作减脂餐时就不要再添加食用油了。让配料中的鸡蛋和紫菜来丰富口感就可以了。鸡肉馄饨可以一次性多做一些，以固定重量分装成小袋，冷冻保存，每次食用时取出煮熟即可。

# 鲜汤鸡肉馄饨

## 所需食材

| 鸡肉馄饨 | 15 个 | 香葱 ( 可选 ) | 4g |
|---|---|---|---|
| 鸡蛋 | 1 个 | 紫菜 | 适量 |
| 虾皮 | 3g | | |

## 所需调料

| 醋 | 1 茶匙 | 芝麻油 | 2g |
|---|---|---|---|
| 胡椒 | 适量 | 生抽 | 1 勺 |

## 鸡肉馄饨食材

| 鸡胸肉 | 400g | 虾米 | 3g |
|---|---|---|---|
| 馄饨皮 | 400g | 鸡蛋 | 1 个 |
| 紫菜 | 5g | 香葱 | 适量 |

## 鸡肉馄饨调料

| 盐 | 适量 | 香醋 | 适量 |
|---|---|---|---|
| 胡椒 | 适量 | 芝麻油 | 2g |
| 生抽 | 适量 | | |

## 准备工作

01. 将鸡蛋打入碗中，搅打均匀；

02. 取一个碗，放入紫菜、虾皮、香葱、生抽、醋和胡椒；

03. 烧一壶开水。

## 鸡蛋丝做法

01. 将不粘锅以大火预热，用筷子蘸取蛋液点在锅中，当蛋液可以立即凝固时，将所有蛋液缓缓倒入锅中，转动锅，使蛋液均匀覆盖锅底；

02. 待蛋液凝固成蛋皮，成型后翻面，中火加热至可以轻松晃动；

03. 将蛋皮盛出放到砧板上，切成鸡蛋丝。

## 馄饨做法

01. 鸡胸肉洗净，切成小块；

02. 把鸡胸肉剁成肉泥；

03. 在鸡胸肉泥中加入 1 个生鸡蛋、适量的盐和黑胡椒，搅拌均匀；

04. 戴一次性手套，把鸡肉泥揉捏至均匀细腻的状态；

05. 取一张馄饨皮，用筷子取适量肉馅放在正中；

06. 以指尖沾水，在馄饨皮四条边缘抹上水；

07. 对角折叠馄饨后捏紧即可；

08. 锅中烧开水，水沸腾后下入馄饨，煮沸后点半碗水，再次煮沸，重复 3 次；

09. 将烧好的开水倒入装了紫菜的碗中；

10. 用漏勺捞出馄饨放入碗中；

11. 加入蛋丝，淋上芝麻油即可。

| 总热量：约 434 千卡 | | |
|---|---|---|
| 项目 | 重量 | 热量占比 |
| 碳水化合物 | 约 44.6g | 41% |
| 蛋白质 | 约 33.2g | 31% |
| 脂肪 | 约 13.2g | 28% |

时　长：35 分钟　　人　数：1 人份

苦苣是一种菊科的植物，嫩叶部分可食用，含有丰富的胡萝卜素和纤维素。苦苣可以凉拌制作成沙拉，也可以炒熟食用。在这道料理中，苦苣洗净沥干后即可食用。

# 三文鱼菌菇藜麦饭

## 所需食材

| | | | | | | |
|---|---|---|---|---|---|---|
| 香菇 | 2 朵 | 小番茄 | 3 颗 | 苦苣 ( 可选 ) | | 10g |
| 口蘑 | 2 朵 | 三文鱼 | 120g | 樱桃萝卜 ( 可选 ) | 1 个 | |
| 大蒜 | 3 瓣 | 藜麦 ( 干 ) | 50g | | | |
| 黄柠檬 | 半个 | 蟹味菇 | 40g | | | |

## 所需调料

| | |
|---|---|
| 生抽 | 1 勺 |
| 蚝油 | 1 勺 |
| 黑胡椒 | 适量 |

## 准备工作

01. 将香菇洗净，沥干，切片；

02. 将口蘑洗净，沥干，切片；

03. 将蟹味菇去根洗净，沥干，切段；

04. 将小番茄洗净；

05. 将大蒜剥皮，切片；

06. 将三文鱼洗净，沥干水分；

07. 将樱桃萝卜和苦苣洗净，沥干，萝卜洗净切片；

08. 将烤箱以 200℃预热。

> 做藜麦饭和做普通米饭的方法是一样的，不过因为藜麦颗粒较小，制作一人份早餐的时候用电饭锅比较麻烦，可以用一口小不粘奶锅烹饪，同理，一人份的小米粥也可以这样制作。

## 做　　法

01. 将藜麦和水按 1 ：2 的比例，放入不粘奶锅中，大火煮开后转中小火继续煮；

02. 将三种菇、大蒜片和小番茄一起用生抽和蚝油拌匀，放在烤盘中，送进烤箱以 200℃烤 20 分钟；

03. 用厨房纸擦干三文鱼表面残留水分；

04. 取不粘锅以大火预热，放入三文鱼，转中火慢煎至全熟；

05. 在煎好的三文鱼上撒黑胡椒调味，放在盘子中，然后将烤好的菌菇和煮好的藜麦饭混合，铺在三文鱼上，将苦苣和樱桃萝卜片放在最上面做点缀；

06. 将柠檬切成 2 瓣，在食用前，将柠檬汁挤在藜麦饭上，可以增添味道。

| 总热量: | 约 467 千卡 | |
|---|---|---|
| 项目 | 重量 | 热量占比 |
| 碳水化合物 | 约 63.0g | 55% |
| 蛋白质 | 约 30.3g | 27% |
| 脂肪 | 约 8.9g | 18% |

时 长: 15 分钟　　人 数: 1 人份

制作沙拉时，蔬菜需要去除其表面的水分，可以沥干，也可以用厨房纸擦干，还可以用蔬菜甩水器甩干，表面干燥的蔬菜拌上沙拉酱后口感更加均匀。

# 红薯杂蔬牛肉沙拉

## 所需食材

| | | | |
|---|---|---|---|
| 红薯 | 180g | 蓝莓 | 20g |
| 西蓝花 | 100g | 橙子 | 半个 |
| 瘦牛肉 | 100g | 小番茄 | 3 颗 |
| 菠菜 | 100g | | |

## 所需调料

| | | | |
|---|---|---|---|
| 意大利黑醋 | 2 勺 | 黑胡椒 | 适量 |
| 苹果醋 | 1 勺 | 海盐 | 适量 |
| 生抽 | 1 勺 | 橄榄油 | 5g |

## 准备工作

01. 将红薯洗净，去皮切块送入蒸箱蒸 20 分钟；

02. 将瘦牛肉洗净，沥干水分，用刀背轻轻敲打牛肉，将牛肉拍松；

03. 将适量海盐和黑胡椒均匀涂抹在牛肉两面；

04. 将西蓝花处理成小朵，洗净后焯水 1 分钟；

05. 将菠菜洗净，焯水后挤干水分；

06. 将小番茄洗净，对半切开；

07. 将橙子去皮切块；

08. 制作油醋汁：将意大利黑醋、苹果醋、生抽和适量黑胡椒混合在一起，再淋 2g 橄榄油即可。

> 红薯含有丰富的膳食纤维、胡萝卜素以及钾、铁、铜、硒、钙等多种矿物质，且脂肪含量很低，可以作为减脂期的主食。不过红薯甜甜的味道来自相对较高的糖含量，减脂期间不要贪嘴吃太多哦。

## 做　　法

01. 不粘锅以大火预热，取适量油刷涂在锅底，锅烧得够热时，将牛肉放入锅中，会有"嗞嗞啦啦"的声音；

02. 转中火煎 1 分钟左右再翻面，重复多次，煎至自己喜欢的熟度后盛出，分切成小块；

03. 红薯蒸好后，晾 3 分钟，再和之前处理好的牛肉、菠菜、西蓝花一起在沙拉碗中混合均匀；

04. 最后将橙子和蓝莓撒在沙拉上，再淋入油醋汁即可。

| 总热量：约 547 千卡 | | |
|---|---|---|
| 项目 | 重量 | 热量占比 |
| 碳水化合物 | 约 60.8g | 44% |
| 蛋白质 | 约 39.0g | 29% |
| 脂肪 | 约 16.2g | 27% |

时　长：30 分钟　　人　数：1 人份

如果有摊饼的经验，做全麦饼时可以完全不用油。对于厨房新手来说，如果没有把握，建议先在不粘锅内薄薄地刷上一层油，防止饼在翻面的时候破掉。食谱中使用的是 20 厘米直径的不粘锅，小口径的平底锅很适合做一人份的餐食，用来摊饼的话也更易于翻面。

# 杧果鸡肉全麦卷 + 无糖杧果酸奶 + 蓝莓

## 所需食材

| 鸡蛋 | 1 个 | 生菜 | 20g |
|------|------|------|------|
| 红辣椒 | 1 个 | 全麦粉 | 50g |
| 杧果 | 150g | 无糖酸奶 | 120ml |
| 鸡胸肉 | 100g | 蓝莓 | 15g |

## 所需调料

| 海盐 | 适量 | 生抽 | 1 勺 |
|------|------|------|------|
| 黑胡椒 | 适量 | 橄榄油 ( 可选 ) | 3g |

## 准备工作

01. 将鸡蛋打入碗中，加入全麦粉、适量海盐，少量多次地加入 80ml 清水搅拌均匀，拌成面糊状；

02. 将鸡胸肉洗净，用厨房纸擦干其表面水分，切片，用生抽、黑胡椒腌制；

03. 将杧果的 2/3 切成长条，剩下的切丁撒在酸奶中；

04. 将生菜洗净，沥干水分；

05. 将红辣椒洗净，去蒂切丝。

## 做　　法

01. 不粘锅以大火预热，用油刷薄薄地刷一层橄榄油，挖一勺面糊倒在锅中，拿起锅转动，使面糊摊开，中火慢煎，待面糊凝固后翻面；

02. 另起不粘锅以大火预热，将鸡胸肉放入锅中，转中火慢煎；

03. 用烧烤夹不时地给鸡胸肉翻面，煎至两面金黄即可；

04. 将煎好的鸡胸肉和杧果条、生菜及红椒丝一起铺在全麦饼上，卷起来。

> 杧果已经含有较多的糖分了，因此酸奶需要选择无糖配方的。另外，以新鲜水果作为酸奶的调味料比果酱更健康，水果里的糖分被人体消化吸收也需要更长的时间，对于血糖稳定有帮助。

| 总热量: 约 479 千卡 | | |
|---|---|---|
| 项目 | 重量 | 热量占比 |
| 碳水化合物 | 约 50.0g | 43% |
| 蛋白质 | 约 34.4g | 30% |
| 脂肪 | 约 14.1g | 27% |

时 长: 30 分钟　　人 数: 1 人份

塔帕斯是西班牙的饮食国粹,据说是因旅客无暇正式用餐,只好在餐厅门口或马车边就地解决,常常是一碟菜配块面包。塔帕斯不仅适合忙碌的现代人,因分量少,更适合怕胖的女生。

# 三文鱼塔帕斯 + 无糖酸奶 + 百香果

## 所需食材

| | | | |
|---|---|---|---|
| 三文鱼 | 90g | 法棍面包 | 3 片 |
| 牛油果 | 半个 | 百香果 | 1 个 |
| 香菇 | 3 朵 | 无糖酸奶 | 120ml |

## 所需调料

| | |
|---|---|
| 研磨海盐 | 适量 |
| 研磨黑胡椒 | 适量 |

## 准备工作

01. 将香菇洗净，沥干水分；

02. 将牛油果去皮，切片；

03. 将三文鱼洗净，沥干水分；

04. 将百香果切开，把果肉和汁水加入酸奶中；

05. 切 3 片法棍面包。

## 做　　法

01. 用厨房纸擦干三文鱼表面残留的水分，均匀切成 3 块；

02. 不粘锅以大火预热，放入三文鱼块，转中火慢煎至全熟；

03. 继续煎香菇，煎熟后将香菇切条；

04. 将牛油果铺在法棍上，再将三文鱼稍微粉碎，铺在牛油果上，再摆上烤好的香菇；

05. 最后撒上海盐和黑胡椒调味即可。

> 法棍面包是最具有代表性的法式面包，它仅仅使用面粉、盐、酵母和水作为原料，不加糖、不加油或者只添加很少的油，因此成分比较天然，是一种很健康的面包。百香果口感酸甜，汁水、果肉和籽都可以食用。如果觉得和酸奶一起食用口感过酸，可以换成其他糖分较低的水果，但是不要另外再添加糖。

| 总热量：约 494 千卡 | | |
|---|---|---|
| 项目 | 重量 | 热量占比 |
| 碳水化合物 | 约 49.1g | 39% |
| 蛋白质 | 约 42.8g | 35% |
| 脂肪 | 约 14.0g | 26% |

时 长：30 分钟　　人 数：1 人份

莲藕微甜，口感爽脆，可生食也可烹饪后食用，它含有丰富的膳食纤维，可以帮助排便。不过莲藕的碳水化合物含量和其他蔬菜相比是较高的，因此在减脂期间，应该把莲藕视作主食而非蔬菜。

# 莲藕鸡肉饼 + 豆浆

## 所需食材

| 莲藕 | 260g | 香葱 ( 可选 ) 20g |
|------|------|------|
| 鸡胸肉 | 120g | 黄豆 | 40g |
| 鸡蛋 | 1 个 | |

## 所需调料

| 海盐 | 适量 | 意大利黑醋 1 勺 |
|------|------|------|
| 黑胡椒 | 适量 | 陈醋 | 1 勺 |
| 生抽 | 半勺 | |

## 所需工具

手持搅拌器 1 台

## 准备工作

01. 黄豆需要提前一晚用清水浸泡，室温超过 15℃时需要将其放在冰箱里；

02. 将泡好的黄豆倒入豆浆机，加水至最低水位线，选择好豆浆制作程序；

03. 将鸡胸肉洗净，沥干，然后切小块；

04. 将莲藕去皮洗净，切块；

05. 将香葱洗净，切碎。

## 做　　法

01. 将鸡胸肉放入搅拌器中打成肉泥，再放入莲藕继续搅打混合均匀；

02. 然后加入鸡蛋和香葱一起搅打均匀，倒入碗中；

03. 加适量海盐、黑胡椒，顺着一个方向搅拌均匀；

04. 不粘锅以大火预热，舀一勺莲藕鸡肉泥放入锅中，用勺背轻轻按压成饼状，
    将剩下的莲藕鸡肉泥依次铺在锅中；

05. 中火慢煎，待饼的一面定型，用硅胶铲可以轻松铲动时翻面；

06. 将莲藕鸡肉饼煎至两面金黄即可；

07. 用生抽、意大利黑醋和陈醋调制蘸碟。

> 使用不粘锅无油制作食材是减脂餐常用的烹饪方式，需要注意的是，不粘锅的不粘特性往往依
> 赖其表面涂层，因此在使用过程中需要轻柔以待，最好购买一把专门的硅胶铲进行翻炒，以延
> 长锅具的使用寿命。

| 总热量：约 499 千卡 | | |
| --- | --- | --- |
| 项目 | 重量 | 热量占比 |
| 碳水化合物 | 约 53.7g | 44% |
| 蛋白质 | 约 38.6g | 31% |
| 脂肪 | 约 13.7g | 25% |
| 时　长：35 分钟 | | 人　数：1 人份 |

豆浆提供了很好的膳食纤维和蛋白质，脂肪含量也很低，豆浆和牛奶的营养成分是各有所长的，可以交替饮用。
比起在外购买豆浆，自制豆浆可以很好地控制糖分的添加，一家人共享或是和朋友同事分享都是很好的选择。

# 蓝莓烤燕麦 + 手撕杏鲍菇 + 蔬菜鸡肉沙拉 + 豆浆

## 所需食材

| | | | | | |
|---|---|---|---|---|---|
| 黄豆 | 50g | 生菜 | 100g | 蓝莓 | 20g |
| 杏鲍菇 | 100g | 鸡胸肉 | 50g | 燕麦片 | 40g |
| 红椒 ( 小 ) | 1 个 | 小番茄 | 3 颗 | 黄椒 | 1/5 个 |
| 芦笋 | 2 根 | 鸡蛋 | 2 个 | 脱脂牛奶 | 100ml |

## 所需调料

| | |
|---|---|
| 生抽 | 1 茶匙 |
| 海盐 | 适量 |
| 黑胡椒 | 适量 |
| 沙拉汁 | 适量 |

## 准备工作

01. 黄豆需要提前一晚用清水浸泡，室温超过 15℃时需要将其放在冰箱里；

02. 冷冻的鸡胸肉也要提前一晚放在冰箱冷藏，低温化冻；

03. 将 1 个鸡蛋煮熟；

04. 将芦笋根部削皮后切小段，焯水沥干，待用；

05. 将生菜洗净，沥干；

06. 将杏鲍菇切片后手撕成丝，也可以用刀切成丝；

07. 将红椒、黄椒洗净，切丝；

08. 将燕麦片和牛奶混合，静置 10 分钟；

09. 烤箱以 180℃预热。

> 豆浆机已经是很多家庭的标配了，制作豆浆需要提前一晚将黄豆用清水浸泡。需要注意的是室温较高时，浸泡豆子 ( 或者粗粮食材等 ) 一整晚可能会滋生细菌，因此可以放在冰箱冷藏室浸泡，以保证安全卫生。

## 做　　法

01. 将泡好的黄豆倒入豆浆机，加水至最低水位线，选择好豆浆制作程序；

02. 将鸡胸肉洗净后，水煮 20 分钟；

03. 向混合好的牛奶麦片中打一个鸡蛋并混合均匀，撒 20g 蓝莓，送进烤箱以 180℃烤 25 分钟；

04. 不粘锅以大火预热，无油转中火炒红椒丝，中间点水 1 次；

05. 加入杏鲍菇丝继续翻炒，中间点水 2 次，最后加生抽、黑胡椒调味即可；

06. 将生菜撕成小片，和煮好的鸡蛋、芦笋、小番茄、黄椒混合；

07. 将鸡胸肉煮好后切片，铺在上一步的蔬菜上；

08. 如果觉得沙拉很淡，可以配合低热量沙拉酱汁；

09. 豆浆好了之后过一遍滤网，即使用的是免过滤的豆浆机也建议过滤一下，这样做口感会更好，热量也会更低。

**总热量：** 约 516 千卡

| 项目 | 重量 | 热量占比 |
|------|------|---------|
| 碳水化合物 | 约 50.4g | 41% |
| 蛋白质 | 约 33.4g | 28% |
| 脂肪 | 约 16.5g | 31% |

**时　长：** 35 分钟　　**人　数：** 1 人份

还未生长成熟的番茄是绿色的，含有龙葵碱，这种成分在发芽的土豆当中也存在，食用后轻则感到口腔苦涩，重则有中毒的危险，因此生吃未成熟的番茄要慎重。不过绿珍珠番茄是一种独特的番茄品种，在果实成熟以后仍然保持着绿色的外观，并不含有龙葵碱，口味酸甜浓郁，可以放心食用。

# 燕麦麸鸭胸肉蔬菜沙拉
# ＋猕猴桃燕麦酸奶

## 所需食材

| | | | |
|---|---|---|---|
| 鸭胸肉 | 100g | 奇亚籽 | 5g |
| 西蓝花 | 100g | 绿珍珠番茄 | 5颗 |
| 黄瓜 | 60g | 青柠檬（可选） | 半个 |
| 无糖酸奶 | 120ml | 猕猴桃 | 1个 |
| 燕麦麸 | 30g | 黑橄榄（可选） | 2颗 |
| 燕麦 | 10g | | |

## 所需调料

| | | | |
|---|---|---|---|
| 生抽 | 1勺 | 苹果醋 | 1茶匙 |
| 意大利黑醋 | 1勺 | 红酒醋 | 1茶匙 |
| 海盐 | 适量 | 橄榄油 | 3g |
| 黑胡椒 | 适量 | | |

## 准备工作

01. 将鸭胸肉去皮洗净，沥干水分，切成厚的片；

02. 撒入适量海盐和黑胡椒，腌制鸭胸肉10分钟；

03. 将西蓝花处理成小朵，洗净后焯水1分钟；

04. 将燕麦麸放在碗中，待用；

05. 将黄瓜洗净，用削皮器顺着一个方向刮皮，就可以得到一条完整的黄瓜片；

06. 将绿珍珠番茄对半切开，青柠檬切小瓣，待用；

07. 将猕猴桃去皮，切丁，待用；

08. 烤箱以180℃预热。

> 鸭胸肉的热量较低，是很好的蛋白质供给食物，适宜选为减脂期间的肉类食物，其所含的B族维生素也较多。不过鸭肉相对于鸡肉来说有更明显的禽类腥味，售卖渠道也较少，单价比较高，所以建议偶尔选用。

## 做　　法

01. 将鸭胸肉片放入燕麦麸中，两面粘满麦麸，然后放在烤盘中；

02. 把包裹了燕麦麸的鸭胸肉送进烤箱，以180℃烤25分钟，中间可以拿出来一次，给鸭胸肉片翻面，这样会烤得比较均匀（这一步也可以用空气炸锅完成）；

03. 制作红酒醋油醋汁：将生抽、意大利黑醋、苹果醋、红酒醋混合，加适量黑胡椒混合搅拌均匀后，加入橄榄油；

04. 将绿珍珠番茄、西蓝花和黄瓜以及烤好的鸭胸肉一起混合装盘，搭配油醋汁食用，青柠檬汁还能带来一丝东南亚的风味；

05. 将猕猴桃丁和燕麦片、奇亚籽一起撒在无糖酸奶中。

| 总热量: 约 548 千卡 | | |
|---|---|---|
| 项目 | 重量 | 热量占比 |
| 碳水化合物 | 约 60.0g | 45% |
| 蛋白质 | 约 37.7g | 29% |
| 脂肪 | 约 15.3g | 26% |

时 长: 35 分钟　人 数: 1 人份

酸奶是减脂期很好的食物选择,但市面上琳琅满目的酸奶产品当中,有许多因为糖和各类添加剂的加入,并不符合健康饮食的要求,甚至在无形之中让你摄入了巨大的热量。购买酸奶时记得多关注配料表和营养成分表,如果觉得无糖酸奶口味单一,以新鲜水果调味是更加健康的方式。

# 银芽炒三丝 + 杂粮饼 + 猕猴桃酸奶 + 桃子

## 所需食材

| | | | | | |
|---|---|---|---|---|---|
| 绿豆芽 | 150g | 鸡胸肉 | 100g | 无糖酸奶 | 150ml |
| 海带 ( 干 ) | 8g | 全麦煎饼 | 50g | 猕猴桃 | 1 个 |
| 红椒 | 1 个 | 香葱 | 2 根 | 桃子 | 半个 |

## 所需调料

| | |
|---|---|
| 孜然 | 适量 |
| 海盐 | 适量 |
| 胡椒 | 适量 |
| 生抽 | 半茶匙 |

## 准备工作

01. 干海带提前一晚泡发，室温超过 15℃时需要将其放在冰箱里；

02. 煎饼可以冷冻保存，吃之前拿到室温环境下放 25 分钟即可；

03. 将泡好的海带用清水煮 15 分钟后捞出，沥水，切成丝；

04. 将鸡胸肉用清水煮 20 分钟后，撕成丝待用；

05. 将红椒切丝，豆芽洗净沥水；

06. 将猕猴桃去皮，切片，放在酸奶中；

07. 将桃子洗净，切瓣。

## 做　　法

01. 不粘锅以大火预热后，无油炒红椒丝；

02. 转中小火炒至红椒变软，中间点水 1 次；

03. 加入豆芽继续翻炒至豆芽变软，倒入鸡肉丝、海带丝，继续翻炒 1 分钟；

04. 加适量生抽、海盐和胡椒调味，准备出锅时撒孜然拌匀即可；

05. 可以用煎饼卷着银芽炒三丝来吃。

炒蔬菜在许多人心里是需要大火猛油炝锅的，减脂期控制脂肪摄入时推荐使用无油炒菜的方法，不放油而又不粘锅的诀窍就是时不时地点水，在锅里产生蒸汽帮助食物熟透。用点水的方式炒制蔬菜可以避免有害油烟的产生，又能保持炒菜的口感。

| 总热量：约 571 千卡 | | |
| --- | --- | --- |
| 项目 | 重量 | 热量占比 |
| 碳水化合物 | 约 68.6g | 48% |
| 蛋白质 | 约 47.0g | 33% |
| 脂肪 | 约 11.8g | 19% |

时　长：25 分钟　　人　数：1 人份

释迦又叫番荔枝，是一种椭圆形的黄绿色水果，在我国东南沿海地区较常见。释迦纤维含量很高，有利于促进肠道蠕动，同时是很好的抗氧化水果，能够帮助延缓皮肤衰老，对抵抗癌症亦有帮助。

# 抱蛋金枪鱼意面 + 脱脂牛奶 + 释迦果 + 蓝莓

## 所需食材

| | | | |
|---|---|---|---|
| 水浸金枪鱼 | 80g | 香葱（可选） | 4g |
| 通心粉（干） | 50g | 释迦 | 100g |
| 洋葱 | 40g | 蓝莓 | 20g |
| 鸡蛋 | 2 个 | 脱脂牛奶 | 150ml |

## 所需调料

| | |
|---|---|
| 研磨海盐 | 适量 |
| 研磨黑胡椒 | 适量 |
| 蒜粉 | 适量 |

## 准备工作

01. 用汤锅煮水，水开后煮通心粉 8 分钟；

02. 将洋葱洗净，切丝；

03. 将金枪鱼用叉子叉碎；

04. 将鸡蛋打入碗中，搅打均匀；

05. 将释迦切成小块，和蓝莓混合。

## 做　　法

01. 不粘锅以大火预热，先炒洋葱，点水 2~3 次；

02. 加入金枪鱼和通心粉，继续翻炒 1 分钟；

03. 然后将蛋液顺时针淋入锅中，使其均匀铺满全锅；

04. 转中火慢煎，待蛋液凝固全熟，即可用硅胶铲移至盘中，或者直接连锅一起端上桌。

> 这道减脂餐需要把蛋液均匀铺满整个锅底，建议选用直径 20 厘米的不粘锅。不粘锅在清洗时应注意以软质洗碗海绵擦洗，轻轻去除残留的食材和酱料，切不可用钢丝球大力擦刮，会破坏不粘锅的涂层，缩短其使用寿命。

| 总热量：约 591 千卡 | | |
|---|---|---|
| 项目 | 重量 | 热量占比 |
| 碳水化合物 | 约 71.7g | 50% |
| 蛋白质 | 约 40.3g | 28% |
| 脂肪 | 约 14.3g | 22% |

时 长：30 分钟　　人 数：1 人份

三文鱼已经含有非常丰富的脂肪，煎鱼饼的时候就不需要再放油了，加热过程中鱼肉本身的油脂会渗出，健康又风味十足，也为鱼饼带来更柔软的口感，因此不用担心用全麦粉制作会口感粗糙哦。既然已经有了很好的脂肪来源，牛奶就建议选择脱脂奶。

# 橙香三文鱼饼 + 脱脂牛奶

## 所需食材

| | | | |
|---|---|---|---|
| 三文鱼 | 100g | 全麦粉 | 50g |
| 橙子 | 1 个 | 脱脂牛奶 | 150ml |
| 鸡蛋 | 1 个 | 珍珠洋葱 ( 可选 ) | 3 个 |
| 菠菜 | 100g | | |

## 所需调料

| | |
|---|---|
| 海盐 | 适量 |
| 黑胡椒 | 适量 |
| 生抽 | 1 勺 |
| 意大利黑醋 | 2 勺 |

## 所需工具

| | |
|---|---|
| 擦丝器 | 1 个 |

## 准备工作

01. 将三文鱼洗净，用厨房纸擦干其表面水分后切成丁；

02. 将菠菜焯水后过冰水并挤干表面水分，切成菠菜碎；

03. 将橙子洗净擦干，用擦丝器擦下橙子皮备用 ( 注意不要擦到白色皮肉部分，只需要薄薄的橙子皮屑，因为白色部分比较苦涩 )；

04. 将珍珠洋葱切丁；

05. 将生抽和意大利黑醋调配成蘸碟。

提到三文鱼，许多朋友的第一反应是生鱼片，不过出于食品安全的考虑，市场上购买的三文鱼在加热熟透后食用更加稳妥。三文鱼的鲜美和橙子的清爽融合在一起，风味别具一格。

## 做　　法

01. 把三文鱼丁、菠菜碎、橙子皮屑混合，并挤入一个橙子的橙汁；

02. 打入一个鸡蛋，加入适量海盐和黑胡椒混合均匀；

03. 少量多次地加入全麦粉，这样比较容易混合成均匀的面糊 ( 这一步无须额外加水，最后的面糊应该是挂在勺子上滴落不下来的状态 )；

04. 加入珍珠洋葱丁 ( 此步可省略 )；

05. 不粘锅以大火充分预热，挖一勺三文鱼菠菜面糊放入锅中，用勺背轻轻按压面糊呈饼状，转中火慢煎，等三文鱼饼可以轻松离开锅底的时候翻面 ( 如果判断不了是否可以翻面，中途可以使用硅胶铲尝试铲动鱼饼，如果还黏着锅底说明没有定型 )；

06. 将鱼饼两面煎至金黄色时即可出锅，搭配蘸碟享用。

| 总热量：约 591 千卡 | | |
|---|---|---|
| 项目 | 重量 | 热量占比 |
| 碳水化合物 | 约 44.0g | 30% |
| 蛋白质 | 约 47.5g | 33% |
| 脂肪 | 约 23.9g | 30% |

时　长：35 分钟　　人　数：1 人份

百香果口感酸甜，香气馥郁，富含人体必需的氨基酸、维生素、微量元素等，百香果的纤维素也可以帮助缓解便秘。将百香果肉加水制作成果汁饮用，不需要另外增加调味剂就会获得很好的酸甜口感，适合夏季用来制作健康饮品。

# 白灼菠菜混搭烤杂蔬 + 无油煎三文鱼 + 百香果酸奶

## 所需食材

| | | | | | |
|---|---|---|---|---|---|
| 菠菜 | 80g | 三文鱼 | 130g | 百香果 | 1 个 |
| 口蘑 | 60g | 法棍 | 40g | 鸡蛋 | 1 个 |
| 小番茄 | 10 颗 | 无糖酸奶 | 100ml | 面包 | |

## 所需调料

| | |
|---|---|
| 海盐 | 适量 |
| 黑胡椒 | 适量 |

## 准备工作

01. 将菠菜洗净，焯水后沥干；

02. 将口蘑洗净，切片待用；

03. 将小番茄洗净，对半切开，待用；

04. 将鸡蛋打在碗中，待用；

05. 将三文鱼洗净沥水，再用厨房纸擦干其表面水分；

06. 将燕麦加到酸奶中，将百香果切开，果肉和果汁一起撒在酸奶上；

07. 烤箱以 180℃ 预热。

## 做 法

01. 将口蘑和小番茄放在烤盘中，撒适量海盐和黑胡椒，送进烤箱以 180℃ 烤 20 分钟；

02. 不粘锅以大火预热，将三文鱼放入，转中火煎；

03. 冷冻的三文鱼最好煎至全熟食用，因海鱼本身带有咸味，最后撒适量黑胡椒调味即可；

04. 煎过三文鱼的锅内会有鱼油，不必倒出，继续加热不粘锅，倒入鸡蛋煎熟；

05. 将烤好的杂蔬和菠菜混合，铺在煎蛋上，和三文鱼一起摆盘即可。

> 煎三文鱼时鱼肉会出油，用它来炒鸡蛋会非常香，也很美味，当然同时也会增加食物的热量。在制作中可根据自己的实际减脂需求来安排，如果体重基数比较大，更建议另起一个无油不粘锅来制作无油煎蛋。

**总 热 量：** 约 267 千卡

| 项目 | 重量 | 热量占比 |
|------|------|---------|
| 碳水化合物 | 约 40.4g | 64% |
| 蛋白质 | 约 18.1g | 28% |
| 脂肪 | 约 2.2g | 8% |

**时 长：** 35 分钟　　**人 数：** 1 人份

鱿鱼表面的一层黑色薄膜韧性较大，且不好嚼烂，建议在烹饪之前撕掉。鱿鱼的黏液不好清洗，可以以流水清洗以后稍加浸泡，汆水时再去掉一部分，这样炒制以后会更加脆嫩爽口。

# 青椒胡萝卜炒鱿鱼 + 土豆泥

## 所需食材

| 土豆 | 150g | 小番茄 | 10 颗 |
|------|------|--------|-------|
| 胡萝卜 | 60g | 青椒 | 3 个 |
| 鱿鱼 | 60g | 小米椒 ( 可选 )1 个 | |

## 所需调料

| 海盐 | 适量 |
|------|------|
| 黑胡椒 | 适量 |
| 生抽 | 适量 |

## 所需工具

| 压泥器 | 1 个 |
|--------|------|

## 准备工作

01. 将土豆洗净，去皮切块；

02. 将小番茄洗净，沥干；

03. 将青椒洗净去籽，切丝；

04. 将胡萝卜洗净去皮，切丝；

05. 将鱿鱼洗净切成略粗的丝，氽水沥干。

## 做　　法

01. 将土豆块送进蒸箱蒸 25 分钟，取出压成泥；

02. 土豆泥中加入适量的盐和黑胡椒调味，搅拌均匀即可；

03. 不粘炒锅以大火预热，放入青椒丝翻炒，点 2 次水；

04. 加入胡萝卜丝继续翻炒，点 1 次水；

05. 加入鱿鱼丝继续翻炒，适量点水，加适量海盐、黑胡椒翻炒均匀；

06. 出锅前加入生抽，可根据个人口味加入小米椒调味。

> 土豆切成小块蒸熟以后更方便压成泥，如果没有压泥器，可以用食品袋装好，
> 用擀面杖将其碾碎，不过压泥器制作出来的土豆泥更加细腻。压泥器价格不贵，
> 也方便好用，可以在厨房准备一个，让方便的小工具使烹饪变得更愉快。

| 总热量：约 428 千卡 | | |
|---|---|---|
| 项目 | 重量 | 热量占比 |
| 碳水化合物 | 约 47.3g | 43% |
| 蛋白质 | 约 37.6g | 37% |
| 脂肪 | 约 11g | 34% |
| 时　长：40 分钟　　人　数：1 人份 | | |

制作半熟的鸡蛋可以在购买时选择"杀菌蛋"或者是"洁蛋"，这类蛋在出农场时就已完成消毒和清洗程序，卫生条件已达到可以生吃的标准；有些也会直接标注"已消毒，可以生吃"的字样。

# 韩式拌饭＋豆浆＋浆果

## 所需食材

| | | | | | |
|---|---|---|---|---|---|
| 黄瓜 | 50g | 泡菜 | 40g | 香菇 | 3 朵 |
| 胡萝卜 | 30g | 海带丝（湿）60g | | 鸡蛋 | 1 个 |
| 黄豆芽 | 30g | 牛肉丝 | 80g | | |
| 黄豆 | 50g | 杂粮饭（熟）120g | | | |

## 所需调料

| | |
|---|---|
| 研磨黑胡椒 | 适量 |
| 蚝油 | 1 勺 |
| 生抽 | 1 勺 |
| 自制剁椒酱 | 1 勺 |

## 所需工具

| | |
|---|---|
| 蔬菜擦丝器 | 1 个 |

## 准备工作

01. 将牛肉丝洗净，沥干其表面水分，用生抽、蚝油和黑胡椒腌制；

02. 黄豆需要提前一晚用清水浸泡，室温超过 15℃时需要将其放在冰箱里；

03. 早上起床第一件事就是把泡好的黄豆放入豆浆机，加水，选择好豆浆制作程序；

04. 将分装冷冻的杂粮饭放入蒸箱蒸 15 分钟（如果没有储存的熟饭可以现制作）；

05. 取黄瓜 50g 擦丝，胡萝卜 30g 擦丝；

06. 将黄豆芽去根洗净，和胡萝卜一起焯水，待用；

07. 将海带丝洗净，煮 25 分钟；

08. 将香菇洗净，切片；

09. 将鸡蛋打入碗中待用。

> 对于处于减脂期的人来说，这样一碗改良后的韩式拌饭依然能带来大大的满足感，并且可以摄入多种蔬菜。忙碌一天后做好五彩缤纷又满满一大碗的拌饭，像电视剧里一样用一把大勺子食用，能让人从心底产生幸福感。

## 做　　法

01. 将香菇和腌制的牛肉丝混合放入烤箱，以 180℃烤 20 分钟；

02. 煮好晾凉的海带用自制剁椒酱凉拌；

03. 取一个汤碗，最下面铺蒸好的杂粮饭，上面依次码入海带丝、黄瓜丝、黄豆芽、胡萝卜丝、泡菜和烤好的香菇、牛肉丝；

04. 不粘锅以大火预热，把鸡蛋倒入锅中；

05. 待蛋白都凝固后，即可关火，然后用硅胶铲将鸡蛋移至菜上面；

06. 最后将碗中所有的食材混合搅拌均匀即可。

07. 豆浆做好后，即使用的是免过滤的豆浆机也建议过滤一下，这样做豆浆的口感会更好，热量也会更低。

用一口不粘炒锅就可以制作无油炒饭，糙米饭本身淀粉含量较少，相比白米饭也不容易粘锅。在制作时，取一只顺手的容器，少量多次地点水，让水蒸气在锅中翻腾，帮助食材快速熟透，并减少与锅底粘连。

# 杂蔬鸡丁炒糙米饭 + 脱脂牛奶

## 所需食材

| | | | | | |
|---|---|---|---|---|---|
| 糙米饭（熟） | 120g | 胡萝卜 | 50g | 鸡蛋 | 1 个 |
| 西蓝花 | 100g | 豌豆米 | 10g | 鲜香菇 | 1 朵 |
| 鸡胸肉 | 100g | 红椒 | 1 个 | 脱脂牛奶 | 180ml |

## 所需调料

| | |
|---|---|
| 生抽 | 1 勺 |
| 海盐 | 适量 |
| 黑胡椒 | 适量 |

## 准备工作

01. 将糙米和糯米按 4：1 的比例混合（总重 200g），泡 2 个小时；

02. 用电饭煲将糙米饭煮熟后均分成 4 份，将吃不完的冷冻保存，之后吃的时候只需把冷冻的糙米饭放入蒸箱蒸 10 分钟，如果用蒸锅，记得等水沸后再开始计算时间；

03. 将西蓝花掰成小朵，洗净；

04. 将鸡胸肉洗净，沥干，切丁；

05. 鲜香菇洗净，切丁；

06. 将胡萝卜洗净，沥干，去皮后切成小丁；

07. 将红椒洗净，去蒂，沥干，切成丁；

08. 将豌豆米洗净，沥干；

09. 将鸡蛋打入碗中，搅打均匀。

> 用红红绿绿的蔬菜炒米饭，在丰富的视觉体验中调动我们的食欲，丰富的食材也带来多元的营养成分。蒸箱可以用蒸锅替代，蒸制时间是水沸后 15 分钟。

## 做 法

01. 将不粘锅以大火预热，先无油炒鸡蛋至八成熟，盛出；

02. 另起不粘炒锅充分热锅，炒鸡丁；

03. 待鸡丁表面变白之后盛出，备用；

04. 锅内继续无油炒胡萝卜丁，中途适量点水；

05. 待胡萝卜丁稍软后加入香菇丁、红椒丁继续翻炒，中途适量点水；

06. 加入西蓝花、豌豆米，继续翻炒；

07. 适量点水，将所有食材混合均匀，并加盖炖煮 1 分钟；

08. 加入糙米饭、鸡丁，和杂蔬翻炒，混合均匀；

09. 加适量海盐、黑胡椒、生抽调味；

10. 最后加入鸡蛋，翻炒均匀即可。

既可以
**作早餐**
也可以
**作午餐**

**随心搭配**
**健康省时**

| 总热量：约 240 千卡 | | |
| --- | --- | --- |
| 项目 | 重量 | 热量占比 |
| 碳水化合物 | 约 48.6g | 82% |
| 蛋白质 | 约 6.4g | 11% |
| 脂肪 | 约 1.8g | 7% |

时 长：30 分钟　　人 数：1 人份

紫菜推荐购买福建霞浦头水紫菜，直接以开水冲泡也会非常鲜美爽口。作为海产品的紫菜和虾皮，本身带有一定盐分，
会有自然的咸鲜味，因此建议不要另外在汤内加盐。减脂期间尽量保证低盐饮食，有助于达到更好的减脂效果。

# 西芹苹果炒饭 + 紫菜虾米汤

## 所需食材

| | | | |
|---|---|---|---|
| 西芹 | 100g | 紫菜（干） | 5g |
| 苹果 | 60g | 虾皮 | 2g |
| 糙米饭 *（熟）120g | | 香葱（可选） | 2g |

## 所需调料

| | | | |
|---|---|---|---|
| 海盐 | 适量 | 生抽 | 2 茶匙 |
| 胡椒 | 适量 | 芝麻油 | 1g |

## 准备工作

01. 将分装冷冻的糙米饭放入蒸箱蒸 15 分钟；

02. 将西芹和苹果洗净，切丁备用；

03. 将香葱切碎；

04. 取一个碗，放入紫菜、虾皮和香葱，再加入 1 茶匙生抽、1g 芝麻油和适量胡椒；

05. 烧一壶开水。

## 做　　法

01. 将不粘锅以大火预热，无油炒西芹，中间点水 2~3 次；

02. 当西芹开始变软时，放入蒸好的糙米饭和苹果丁，转中火继续翻炒 1 分钟左右；

03. 加 1 茶匙生抽和适量胡椒、海盐调味，翻炒均匀后盛出；

04. 将烧好的开水倒入装紫菜和虾皮的碗中，做成紫菜汤。

> 苹果除了可以直接吃，还可以成为烹饪的原料。以苹果调味的炒饭，带有水果自然清甜的气息，
> 配合同样爽口的西芹，每一口都"嘎吱嘎吱"，口感满分。以无油的烹饪方法制作的炒饭和汤饮，
> 大口享用也没有负担！

* 糙米饭：详细做法见 p.123。

# 蔬菜魔芋鸡肉丸高汤锅

魔芋粉丝是以魔芋粉制成的粉丝状食材。魔芋又称蒟蒻，膳食纤维含量丰富，可以帮助我们预防便秘，降低血脂、血糖，且因其饱腹感强，适合在减脂期作为主食食用。

| 总热量：约 230 千卡 | | |
|---|---|---|
| 项目 | 重量 | 热量占比 |
| 碳水化合物 | 约 8.9g | 17% |
| 蛋白质 | 约 26.7g | 51% |
| 脂肪 | 约 7.4g | 32% |

时　长：15 分钟　　人　数：1 人份

## 所需食材

| | | | |
|---|---|---|---|
| 素高汤 | 300ml | 青菜 | 100g |
| 鸡胸肉丸 | 100g | 魔芋粉丝（湿） | 200g |

## 所需调料

| | | | |
|---|---|---|---|
| 海盐 | 适量 | 辣椒粉（可选） | 适量 |
| 胡椒 | 适量 | 芝麻油 | 2g |
| 生抽 | 半勺 | | |

## 准备工作

01. 将青菜洗净，沥水；
02. 用清水冲洗魔芋粉丝，之后焯水待用。

## 做　　法

01. 将素高汤倒入汤锅，煮开后放入鸡肉丸、魔芋粉丝；
02. 中火煮 5 分钟后加入青菜，继续煮 1 分钟；
03. 加入海盐、胡椒、生抽和芝麻油调味即可，喜欢吃辣的可以加少许辣椒粉。

食谱中的青菜指的是绿叶时令蔬菜，绿叶蔬菜富含纤维素，部分绿叶蔬菜还富含钙质，可以与牛奶媲美。具体食用哪种绿叶菜没有要求，选择市场上新鲜的时令蔬菜即可。

# 低卡鸡肉馄饨荞麦面

**总热量：约 300 千卡**

| 项目 | 重量 | 热量占比 |
|---|---|---|
| 碳水化合物 | 约 41.7g | 56% |
| 蛋白质 | 约 19.2g | 26% |
| 脂肪 | 约 5.8g | 18% |

**时　长**：20 分钟　　**人　数**：1 人份

## 所需食材

| | | | |
|---|---|---|---|
| 鸡肉馄饨 | 10 个 | 青江菜 | 30g |
| 荞麦面 | 20g | 虾皮 | 2g |
| 紫菜（干） | 5g | 香葱（可选） | 2g |

## 所需调料

| | | | |
|---|---|---|---|
| 海盐 | 适量 | 生抽 | 1 茶匙 |
| 胡椒 | 适量 | 芝麻油 | 2g |

## 准备工作

01. 将青江菜洗净，焯水，香葱切碎；
02. 取一个碗，放入紫菜、虾皮和香葱，再加 1 茶匙生抽、适量胡椒、海盐和 2g 芝麻油，拌匀；
03. 烧一壶开水。

## 做　　法

01. 取一个奶锅，加水煮开，下荞麦面，煮 8 分钟；
02. 再另起奶锅，倒入清水，水开后下馄饨，水再次煮开之后倒入半杯水，依此循环 3 次，最后一次水开后馄饨就煮好了；
03. 将提前烧好的水倒入碗中，然后将煮好的馄饨、荞麦面和青江菜依次放入即可。

这是一道非常快手的料理，准备好两个煮锅可以同步进行，水煮的烹饪方式不用担心油烟，烹饪结束后清洁灶台和厨具也十分方便。健康的饮食方式不仅能让身体变轻快，也会让料理变轻松！

如果觉得鸡胸肉口感比较柴，可以将其处理成泥状再来烹饪，可以做馄饨，也可以做丸子或者饼。将白水煮的鸡胸肉撕成丝，随着处理的方式改变口感也会跟着改变，会增添更多食用乐趣哦。一碗低卡健康的鸡肉馄饨荞麦面，能让你在减脂期也当一回"肉食动物"。荞麦面也是健康的碳水化合物来源，减脂期就把家里的白面换成荞麦面吧！

| 总热量：约 277 千卡 | | |
|---|---|---|
| 项目 | 重量 | 热量占比 |
| 碳水化合物 | 约 45.4g | 66% |
| 蛋白质 | 约 16.2g | 24% |
| 脂肪 | 约 3.1g | 10% |

时　长：40 分钟　　人　数：1 人份

蛤蜊要在海鲜市场买活的，海带可以购买水浸的湿海带，也可以用干海带泡发。
海带含有非常丰富的碘等矿物质，缺碘可能引发甲状腺肿大，多吃海带可以补碘。

# 蛤蜊海带豆腐汤 + 糙米饭

## 所需食材

| | | | |
|---|---|---|---|
| 蛤蜊（带壳） | 200g | 海带（干） | 5g |
| 豆腐 | 50g | 糙米饭 *（熟） | 120g |
| 豌豆米 | 20g | 姜丝 | 适量 |

## 所需调料

| | | | |
|---|---|---|---|
| 海盐 | 适量 | 生抽 | 1 茶匙 |
| 胡椒 | 适量 | 食用油 | 适量 |

## 准备工作

01. 蛤蜊需要提前用盐水浸泡，再滴两滴食用油在水中，使其吐沙；

02. 海带需要提前一晚用清水浸泡，室温超过 15℃时需要将其放在冰箱里；

03. 将泡发的海带洗净，切片，豆腐切块备用；

04. 将蛤蜊淘洗干净备用；

05. 将豌豆米洗好备用；

06. 将分装冷冻的糙米饭放入蒸箱蒸 15 分钟。

## 做　　法

01. 在锅中倒入清水，放入海带和适量姜丝，大火煮开后转中火煮 20 分钟；

02. 将豆腐和豌豆米加入锅中，继续煮 10 分钟；

03. 最后加入蛤蜊，煮至开口；

04. 加适量海盐、胡椒和 1 茶匙生抽调味即可；

05. 将糙米饭盛出搭配食用。

> 减脂餐传递的是健康的饮食方式，和家人一起吃饭时，即使没有减脂的需求，也可以通过调整食物结构来帮助全家人吃得营养均衡、无负担。这道蛤蜊海带豆腐汤就适宜全家人共同食用。

\* 糙米饭：详细做法见 p.123。

| 总热量: 约 351 千卡 | | |
| --- | --- | --- |
| 项目 | 重量 | 热量占比 |
| 碳水化合物 | 约 40.3g | 46% |
| 蛋白质 | 约 33.1g | 37% |
| 脂肪 | 约 6.8g | 17% |

时　长：35 分钟　　人　数：1 人份

我们吃的黄花菜有花朵的形状，它和百合花同属百合科。黄花菜含有丰富的卵磷脂，这种物质有利于增强脑细胞活度，提高记忆力和智力水平，对增强血液循环、乳化、分解油脂也有帮助，因此对血管十分有益。

# 牛肉丝黄花菜打卤荞麦面

## 所需食材

| | | | |
|---|---|---|---|
| 瘦牛肉 | 80g | 香葱(可选) | 4g |
| 黄花菜(干) | 15g | 荞麦面(干) | 50g |
| 木耳(干) | 4g | 鸡蛋 | 1个 |

## 所需调料

| | |
|---|---|
| 胡椒 | 适量 |
| 生抽 | 1勺 |
| 蚝油 | 1勺 |

## 准备工作

01. 黄花菜、木耳需要提前一晚以清水浸泡，室温超过15℃时需要将其放在冰箱里；

02. 将泡发的黄花菜和木耳去蒂，洗净，木耳切成小瓣；

03. 将瘦牛肉冲洗干净，切成丝，用生抽、蚝油和适量胡椒腌制10分钟；

04. 将鸡蛋在碗中搅打均匀；

05. 将香葱洗净，切碎。

## 做　　法

01. 将不粘锅以大火预热，再将蛋液均匀涂满锅底，待蛋液凝固后用硅胶铲移至
    砧板上，切成鸡蛋丝；

02. 另起不粘锅大火预热，先炒牛肉丝，牛肉开始变白的时候加入黄花菜和木耳
    继续翻炒1分钟，然后倒入300ml清水，水开后转中火炖煮10~15分钟，
    卤汁就做好了；

03. 另取锅烧水，水开后下荞麦面煮8分钟；

04. 将煮好的荞麦面捞起放入碗中，浇上做好的卤汁，再撒上蛋丝和葱花即可。

> 打卤面是山西的传统面食，传播到各地之后又被改造成很多版本。我的祖籍在北方，父辈们很
> 喜欢制作面食，小时候也经常吃到长辈制作的各种打卤面。这一食谱中的卤汁是改良过的，具
> 有低卡无油的特点，如果想要增添风味，可以根据口味加一两朵香菇。

| 总热量：约 381 千卡 | | |
|---|---|---|
| 项目 | 重量 | 热量占比 |
| 碳水化合物 | 约 49.1g | 54% |
| 蛋白质 | 约 21.4g | 23% |
| 脂肪 | 约 9.6g | 23% |

时 长：25分钟　　人 数：1人份

乌冬面采用小麦制作，在煮的过程中会吸收大量的水，因此食用后可以产生较强的饱腹感，并且几乎不含有脂肪。乌冬面口感劲道，适合各种调味方式，煮和炒都很适合。

# 什锦炒乌冬面 + 牛奶 + 浆果碗

## 所需食材

| | | | |
|---|---|---|---|
| 鸭胸肉 | 60g | 乌冬面 ( 湿 ) | 100g |
| 杏鲍菇 | 80g | 蓝莓 | 20g |
| 胡萝卜 | 50g | 树莓 | 20g |
| 彩椒 | 1 个 | 牛奶 | 140ml |

## 所需调料

| | | | |
|---|---|---|---|
| 海盐 | 适量 | 蚝油 | 半勺 |
| 黑胡椒 | 适量 | 橄榄油 | 3g |
| 生抽 | 1 勺 | | |

## 准备工作

01. 将鸭胸肉洗净，沥干水分后切成丝，用蚝油和黑胡椒腌制 10 分钟；

02. 将杏鲍菇洗净，切丝；

03. 将胡萝卜去皮，洗净，切丝。

04. 将彩椒洗净，去蒂，切丝。

05. 将蓝莓、树莓洗净，装入碗中。

## 做　　法

01. 将不粘锅以大火预热，淋上橄榄油，加入鸭肉翻炒；

02. 炒至肉丝变白，盛出；

03. 另起不粘锅以大火预热，放入彩椒丝、胡萝卜丝翻炒，中间点水 2 次；

04. 放入杏鲍菇一起翻炒；

05. 杏鲍菇炒软后，放入乌冬面和鸭肉继续翻炒 1~2 分钟；

06. 最后加适量海盐、生抽和黑胡椒调味即可。

> 切食材的时候尽量统一大小，乌冬面比较粗，因此切配料蔬菜的时候可以切成宽丝，这样在炒制的时候更加方便，食用的时候口感也更为和谐。

| 总热量：约 331 千卡 | | |
|---|---|---|
| 项目 | 重量 | 热量占比 |
| 碳水化合物 | 约 42.7g | 52% |
| 蛋白质 | 约 30.8g | 38% |
| 脂肪 | 约 3.5g | 10% |

时 长：35 分钟　人 数：1 人份

我们在面包店经常看到白吐司和全麦吐司，黑麦吐司则比较少见。黑麦土司是一种颜色更深、膳食纤维含量更高的面包。它略带酸味，这种酸味是发酵过程中自然产生的，而不是面包坏掉了。如果不喜欢黑面包的味道，可以替换成 120g 熟重的糙米饭。

# 菌菇鸭胸肉 + 白灼西蓝花 + 黑麦吐司 + 草莓

## 所需食材

| 香菇 | 3 朵 | 蟹味菇 | 50g |
|---|---|---|---|
| 口蘑 | 3 个 | 鸭胸肉 | 120g |
| 草莓 | 9 颗 | 西蓝花 | 100g |
| 黑麦吐司 | 1 片 | | |

## 所需调料

| 黑胡椒 | 适量 | 蚝油 | 半勺 |
|---|---|---|---|
| 蒸鱼豉油 | 半勺 | 生抽 | 1 勺 |

## 准备工作

01. 将鸭胸肉去皮，洗净，沥干水分，然后切块；

02. 将香菇、口蘑洗净，切块；

03. 将蟹味菇去根，洗净，切段；

04. 将西蓝花处理成小朵，焯水 1 分钟后捞起，沥干；

05. 将草莓洗净；

06. 将烤箱以 180℃ 预热。

## 做　　法

01. 向鸭胸肉中加入蚝油、生抽和黑胡椒，拌匀；

02. 将香菇、口蘑、蟹味菇放入铸铁锅，加入鸭胸肉，
拌匀后加盖送入烤箱，以 180℃ 烤 25 分钟即可；

03. 将蒸鱼豉油兑 1 勺温水稀释，淋在西蓝花上；

04. 将草莓装盘；

05. 搭配黑麦吐司食用。

> 鸭肉的腥味略重，黑胡椒可以较好地调和味道，菌菇也会带来更多的鲜味和香气，使整道料理变得更加美味。

**总热量：**约289千卡

| 项目 | 重量 | 热量占比 |
|------|------|---------|
| 碳水化合物 | 约 40.2g | 53% |
| 蛋白质 | 约 23.5g | 31% |
| 脂肪 | 约 5.5g | 16% |

**时　长：**30分钟　　**人　数：**1人份

鹰嘴豆富含蛋白质、不饱和脂肪酸和膳食纤维，是一种非常有益于人体健康的食材，可以作为主食，也适合各类烹调方式。烹饪鹰嘴豆要注意提前将它泡软并且彻底煮熟，熟透的鹰嘴豆有一些近似花生的绵软口感，做汤、拌沙拉或者制成糊都很好。

# 鹰嘴豆杂蔬汤

## 所需食材

| 鹰嘴豆（干） | 50g | 蟹味菇 | 50g |
|---|---|---|---|
| 胡萝卜 | 80g | 牛肉 | 50g |
| 洋葱 | 50g | 香葱（可选） | 4g |

## 所需调料

| 海盐 | 适量 | 生抽 | 1 茶匙 |
|---|---|---|---|
| 胡椒 | 适量 | 芝麻油 | 2g |

## 准备工作

01. 鹰嘴豆需要提前一晚用清水浸泡，室温超过 15℃时需要将其放在冰箱里；

02. 将牛肉洗净，切片，汆水；

03. 将胡萝卜、洋葱洗净，去皮，切丁；

04. 将蟹味菇去根，洗净；

05. 将香葱切碎。

## 做　　法

01. 将不粘锅以大火预热，无油炒洋葱丁，点水 1 次；

02. 再加入胡萝卜丁一起翻炒至洋葱变软；

03. 加入 400ml 清水，加盖，转大火煮开；

04. 水开后放入蟹味菇和泡好的鹰嘴豆，转中火，加盖炖煮 15 分钟；

05. 加入牛肉片继续煮 1 分钟；

06. 最后加 1 茶匙生抽、适量海盐、胡椒和 2g 芝麻油调味即可。

> 在将牛肉与其他食材共同煮汤之前，先用清水将其洗净煮熟，一方面可以去掉其腥味，另一方面也可避免其他易熟食材过分烹煮。而先无油炒再加水煮的烹饪方法会让杂蔬汤味道更好，出锅时只要加一点点芝麻油，整道汤就非常可口了。

| 项目 | 重量 | 热量占比 |
|------|------|---------|
| 碳水化合物 | 约 45.5g | 60% |
| 蛋白质 | 约 22.5g | 29% |
| 脂肪 | 约 3.8g | 11% |

**时　长：** 30 分钟　**人　数：** 1 人份

火锅里的雪花肥牛红白相间，甚是诱人，但是白色的纹理就是肉里的脂肪，虽然脂肪含量越高的肉类口感越肥美，但这样的肉在减脂期要尽量避免。多选择瘦肉进行烹饪吧！

# 丝瓜牛肉汤饭 + 猕猴桃

## 所需食材

| | | | |
|---|---|---|---|
| 丝瓜 | 100g | 杂粮饭(熟)120g | |
| 瘦牛肉 | 80g | 猕猴桃 | 1 个 |

## 所需调料

| | |
|---|---|
| 海盐 | 适量 |
| 胡椒 | 适量 |
| 生抽 | 1 茶匙 |

## 准备工作

01. 将丝瓜洗净，去皮，切片备用；

02. 将瘦牛肉冲洗干净，切丝，用 1 茶匙生抽和适量胡椒腌制 10 分钟；

03. 将分装冷冻的杂粮饭取出备用；

04. 将猕猴桃去皮，切片。

## 做　　法

01. 在不粘奶锅中加入 400ml 清水，煮开；

02. 水开后加入冷冻的杂粮饭，大火煮开，用硅胶勺搅拌饭团，帮助其在水中散开；

03. 饭团煮开后继续大火煮 3 分钟，然后加入丝瓜片再煮 3 分钟；

04. 加入牛肉丝，煮 1 分钟左右，再加少许海盐和胡椒调味即可；

05. 将猕猴桃装盘，搭配食用。

切肉片有一个小技巧，就是在肉块冻至稍硬或者从冷冻室取出后，尚未完全解冻的状态下进行处理，这个状态下肉块的形状比较好控制，可以切出厚薄更均匀的肉片或者肉丝。

| 总热量：约 477 千卡 | | |
| --- | --- | --- |
| 项目 | 重量 | 热量占比 |
| 碳水化合物 | 约 60.5g | 50% |
| 蛋白质 | 约 24.9g | 20% |
| 脂肪 | 约 16.4g | 30% |

时 长：30 分钟　　人 数：1 人份

娃娃菜是一种袖珍型的白菜，很适合一个人食用。将娃娃菜搭配口蘑、胡萝卜煮出鲜甜汤汁，再以番茄增添风味，这样一锅暖暖的杂蔬汤，饱腹感强，热量也不高，制作起来更是十分方便。

# 娃娃菜杂蔬汤 + 核桃欧包

## 所需食材

| 娃娃菜 | 120g | 番茄 ( 大 ) | 1 个 |
|--------|------|-----------|------|
| 口蘑 | 60g | 鸡蛋 | 1 个 |
| 胡萝卜 | 50g | 核桃欧包 | 100g |

## 所需调料

| 海盐 | 适量 | 生抽 | 半勺 |
|------|------|------|------|
| 胡椒 | 适量 | 芝麻油 | 2g |

## 准备工作

01. 将娃娃菜洗净，沥干水分，切大段；

02. 将口蘑洗净，沥干水分，切片；

03. 将胡萝卜洗净，去皮，切片；

04. 将番茄洗净，去皮，切块；

05. 将鸡蛋打入碗中，搅打均匀。

## 做　　法

01. 将不粘锅以大火预热，放入番茄块翻炒，中间点水 1~2 次；

02. 番茄炒软后，加 500ml 清水煮开，之后转入铸铁锅或者汤锅中，继续加热；

03. 水开后加入胡萝卜片和口蘑片，转中火煮 5 分钟；

04. 最后加入娃娃菜，再煮 3 分钟；

05. 加海盐、生抽和胡椒调味；

06. 转大火，顺时针淋入蛋液，关火；

07. 加适量芝麻油调味即可；

08. 将核桃欧包装盘，搭配食用。

| 总热量: 约 325 千卡 | | |
|---|---|---|
| 项目 | 重量 | 热量占比 |
| 碳水化合物 | 约 36.6g | 47% |
| 蛋白质 | 约 24.4g | 31% |
| 脂肪 | 约 7.5g | 22% |

时 长: 40 分钟　　人 数: 1 人份

猪肝的含铁量很高，多吃猪肝有助于补铁；同时猪肝还含有丰富的维生素 A，有助于预防眼睛干涩疲劳，维持健康的视力。处于成长发育期的儿童和经常用眼的办公族都可以适量增加猪肝的食用量。

# 猪肝菠菜燕麦粥

## 所需食材

| | |
|---|---|
| 猪肝 | 80g |
| 钢切燕麦 | 50g |
| 菠菜 | 100g |

## 所需调料

| | | | |
|---|---|---|---|
| 海盐 | 适量 | 生抽 | 1 茶匙 |
| 胡椒 | 适量 | 芝麻油 | 1g |

## 准备工作

01. 将猪肝冲洗干净，用盐水浸泡 30 分钟，然后再次冲洗；

02. 将菠菜洗净，焯水，然后捞出过凉水，最后挤干其表面水分；

03. 将处理好的菠菜切小段，猪肝切细条。

## 做　　法

01. 取不粘奶锅，倒入 400ml 清水煮开；

02. 加入钢切燕麦，再次煮开后转中小火，半盖盖子继续煮 5 分钟；

03. 将猪肝加入燕麦粥，并用硅胶勺轻轻搅拌均匀，再煮 5 分钟；

04. 放入菠菜，加适量生抽、胡椒调味，用勺子尝味，如果觉得淡就再加适量海盐；

05. 在锅中把菠菜和调味料轻轻搅拌均匀，盛出燕麦粥，最后滴上芝麻油即可。

> 购买猪肝时，要仔细观察猪肝的外表，选择呈均匀紫红色，表面有光泽，富有弹性且没有水肿和硬块的。在烹饪前需要将猪肝以清水反复冲洗和浸泡，去除猪肝里的黏液，这样猪肝在加热之后才会有柔韧爽口的口感。

| 总热量: 约 311 千卡 | | |
| --- | --- | --- |
| 项目 | 重量 | 热量占比 |
| 碳水化合物 | 约 57.2g | 71% |
| 蛋白质 | 约 10.9g | 13% |
| 脂肪 | 约 5.8g | 16% |

时　长：30 分钟　　人　数：1 人份

生的四季豆中含有皂素，对于消化道有较强的刺激性，食用未炒熟的四季豆可能引起恶心、呕吐、腹泻等症状，因此制作四季豆时不要贪图脆嫩的口感，加热时间要久一些，保证其彻底熟透才比较稳妥。

# 五彩杂粮饭 + 牛奶 + 无花果

## 所需食材

| | | | |
|---|---|---|---|
| 黑米饭 ( 熟 )100g | | 红甜椒 | 40g |
| 四季豆 | 50g | 无花果 | 2 个 |
| 洋葱 | 40g | 牛奶 | 150ml |
| 黄甜椒 | 40g | | |

## 所需调料

| | |
|---|---|
| 海盐 | 适量 |
| 黑胡椒 | 适量 |
| 生抽 | 半勺 |

## 准备工作

01. 黑米在蒸煮前需要浸泡 8 小时, 将泡好的米和水按 1 ： 1.5 的比例加入电饭煲,
之后将做好的黑米饭晾凉后分装冷冻, 随吃随取;

02. 将冷冻保存的黑米饭取出后放入蒸箱蒸 15 分钟;

03. 将四季豆洗净, 斜刀切成小段;

04. 将洋葱和黄、红甜椒洗净, 切丁。

## 做　　法

01. 将不粘锅以大火预热, 放入洋葱丁翻炒, 中间点水 2 次;

02. 待洋葱炒出香味, 放入四季豆和甜椒丁继续炒, 适量点水;

03. 待四季豆炒软, 加入黑米饭, 加适量海盐、生抽、黑胡椒调味;

04. 翻炒均匀后即可出锅;

05. 将无花果切成多瓣;

06. 搭配牛奶食用。

> 无花果是季节性很强的水果, 可以用厨房纸包裹后冷藏存放。无花果皮口感较涩, 食用前掐断果蒂, 向下撕开, 就可以轻松去皮了。

总热量：约 336 千卡

| 项目 | 重量 | 热量占比 |
| --- | --- | --- |
| 碳水化合物 | 约 39.8g | 48% |
| 蛋白质 | 约 26.5g | 32% |
| 脂肪 | 约 7.3g | 20% |

时　长：35 分钟　　人　数：1 人份

三文鱼含有丰富的优质脂肪，可以帮助促进大脑发育和预防心血管疾病。把三文鱼作为脂肪来源，牛奶就需要选择脱脂奶，从而避免脂肪的重复摄入。如果早晨已经吃得比较饱了，脱脂奶和草莓可以作为上午的加餐食用。

# 三文鱼豆腐汤 + 糙米饭 + 白灼虾 + 脱脂牛奶 + 草莓

## 所需食材

| | | | | | |
|---|---|---|---|---|---|
| 三文鱼 | 80g | 糙米饭 *( 熟 ) | 100g | 香葱 | 1 根 |
| 秋葵 | 5 根 | 明虾 | 3 只 | 草莓 ( 可选 ) | 4 颗 |
| 日本豆腐 | 1 袋 | 姜 | 2 片 | 脱脂牛奶 ( 可选 ) | 100ml |

## 所需调料

| | |
|---|---|
| 生抽 | 1 茶匙 |
| 海盐 | 适量 |
| 胡椒 | 适量 |

## 准备工作

01. 将分装冷冻的糙米饭放入蒸箱蒸 15 分钟；

02. 将秋葵洗净，切厚片备用；

03. 将三文鱼洗净，用厨房纸擦干其表面水分，切厚片备用；

04. 将虾剔除虾线，处理干净；

05. 锅内放入清水、姜片和香葱，水开后放入虾煮 1 分钟，关火，将虾捞出沥水；

06. 将日本豆腐切块备用；

07. 将草莓洗净，沥干。

> 草莓肉质丰厚柔软，甜美多汁，含有丰富的花青素。花青素是很好的抗氧化剂，能够帮助我们保护大脑中枢神经，增强血管弹性，改善血液循环等。由于花青素是一种天然水溶性色素，因此草莓在清洗或食用的时候可能产生掉色的情况，不必紧张，这是自然现象。同样含有丰富花青素的还有蓝莓，在这个食谱里也可以把草莓替换成蓝莓。

## 做　　法

01. 将不粘锅以大火预热，放入三文鱼片，转中火煎至两面微黄；

02. 锅中加入 400ml 清水，这个时候可以转到铸铁锅，如果没有也可以直接在不粘锅里煮；

03. 水开后加入日本豆腐，转中小火加盖煮 10~15 分钟；

04. 最后加入秋葵，转大火再煮 3 分钟，加 1 茶匙生抽和适量盐、胡椒调味即可；

05. 将糙米饭、白灼虾、草莓分别盛出，装盘；

06. 搭配脱脂牛奶食用。

---

\* 糙米饭：详细做法见 p.123。

| 总热量：约 392 千卡 | | |
|---|---|---|
| 项目 | 重量 | 热量占比 |
| 碳水化合物 | 约 49.0g | 50% |
| 蛋白质 | 约 34.0g | 35% |
| 脂肪 | 约 6.5g | 15% |

时 长：30 分钟　　人 数：1 人份

在许多人心中，罐头食品通通是不健康的食物，其实，规范生产的罐头密封效果良好，可以有效减少防腐剂的使用，比如水浸的金枪鱼罐头，它的脂肪含量很低，也便于携带保存，可以放心地选择食用。

# 杂蔬糙米饭炒金枪鱼 + 草莓

## 所需食材

| 西蓝花 | 60g | 糙米饭 *( 熟 )120g | |
|---|---|---|---|
| 水浸金枪鱼 | 80g | 草莓 | 6 颗 |
| 洋葱 | 40g | 鸡蛋 | 1 个 |

## 所需调料

| 海盐 | 适量 |
|---|---|
| 黑胡椒 | 适量 |
| 生抽 | 1 茶匙 |

## 准备工作

01. 将西蓝花洗净，处理成小朵；

02. 将洋葱洗净，切丁；

03. 将水浸金枪鱼用叉子叉碎；

04. 将鸡蛋打在碗中，搅打均匀；

05. 将分装冷冻的糙米饭放入蒸箱蒸 15 分钟。

## 做　　法

01. 将不粘锅以大火预热，无油炒鸡蛋，炒至八分熟即可盛出；

02. 另起不粘锅以大火预热，无油炒洋葱，中间点水 1 次；

03. 转中火，加入西蓝花继续翻炒，中间点水 2~3 次；

04. 西蓝花变软后，加入金枪鱼和蒸好的糙米饭翻炒 1 分钟；

05. 将炒好的鸡蛋加入，翻炒均匀后转小火；

06. 加 1 茶匙生抽、适量海盐和黑胡椒调味，翻炒均匀后关火。

西蓝花较难清洗，可以先用流水洗净表面泥沙，再择成小朵，用清水冲洗，并以淡盐水浸泡，去除隐藏在缝隙里的小虫和杂质。这道料理还可以搭配一杯无糖豆浆或者低脂牛奶食用。

\* 糙米饭：详细做法见 p.123。

| 总热量：约 388 千卡 | | |
|---|---|---|
| 项目 | 重量 | 热量占比 |
| 碳水化合物 | 约 54.4g | 56% |
| 蛋白质 | 约 25.6g | 27% |
| 脂肪 | 约 7.3g | 17% |

时 长：35分钟　　人 数：1人份

常见的用于制作沙拉的蔬菜有许多种，仅仅是生菜就分为球生菜、罗马生菜、紫叶生菜、奶油生菜等，此外还有菠菜、芝麻菜、芽菜等。紫叶生菜是自然生长产生的，并不是老化的生菜，它含有很高的蛋白质，此外还含有维生素 A、维生素 C 和碘、锌等人体需要的微量元素。

# 黑椒鸭肉糙米饭三明治 + 蔬菜沙拉 + 浆果 + 牛奶

## 所需食材

| | | | |
|---|---|---|---|
| 糙米饭 *( 熟 ) | 120g | 树莓 | 15g |
| 鸭胸肉 | 100g | 蓝莓 | 15g |
| 黄瓜 | 20g | 牛奶 | 150ml |
| 紫叶生菜 | 20g | 海苔 | 1 张 |
| 苦苣 | 10g | 小番茄 | 5 颗 |

## 所需调料

| | |
|---|---|
| 海盐 | 适量 |
| 黑胡椒 | 适量 |

## 准备工作

01. 将冷冻分装好的糙米饭放入蒸箱蒸 15 分钟；

02. 将鸭胸肉去皮，洗净，沥干水分；

03. 将黄瓜洗净，切片；

04. 将小番茄洗净，切片；

05. 将紫叶生菜、苦苣洗净，甩干其表面水分；

06. 将海苔剪成两片长方形；

07. 将蓝莓、树莓洗净，用厨房纸吸干其表面水分；

08. 将烤箱以 180℃预热。

> 制作三明治不一定非要用面包片，只要用整片的食材夹起其他食材就可以。这样的一份三明治提供了碳水化合物、优质蛋白质和脂肪，以及丰富的膳食纤维，每一口咬下去层次也很丰富。同时，三明治携带方便，可以当作工作日的午餐便当。

## 做　　法

01. 用厨房纸擦干鸭胸肉表面残留水分，用海盐和黑胡椒涂抹两面；

02. 将鸭胸肉送入烤箱以 180℃烤 20 分钟；

03. 把蒸好的糙米饭铺在海苔上；

04. 依次将紫叶生菜、番茄片和黄瓜片铺在糙米饭上；

05. 最后将烤好的鸭胸肉切片，铺几片在糙米饭上，然后轻轻将海苔对折叠起来，轻轻按压，捏成糙米饭三明治；

06. 将剩下的鸭胸肉、苦苣、生菜及小番茄混合成蔬菜沙拉；

07. 将浆果 ( 树莓、蓝莓 ) 装盘；

08. 搭配牛奶食用。

* 糙米饭：详细做法见 p.123。

| 总热量：约 408 千卡 | | |
|---|---|---|
| 项目 | 重量 | 热量占比 |
| 碳水化合物 | 约 32.0g | 32% |
| 蛋白质 | 约 34.0g | 33% |
| 脂肪 | 约 16.1g | 35% |

时　长：30 分钟　　人　数：1 人份

酸奶和香蕉可以提供碳水化合物，如果作为中餐，可以将香蕉酸奶替换成 120g 糙米饭（熟重），或是 1 个中等大小的红薯，或是 1 根玉米。

# 鲜口蘑牛肉青豆汤 + 香蕉蓝莓酸奶

## 所需食材

| | | | |
|---|---|---|---|
| 瘦牛肉丝 | 60g | 香蕉 | 60g |
| 口蘑 | 100g | 蓝莓 | 10g |
| 豌豆米 | 20g | 鸡蛋 | 1 个 |
| 无糖酸奶 | 150ml | 草莓 | 2 颗 |

## 所需调料

| | | | |
|---|---|---|---|
| 海盐 | 适量 | 生抽 | 1 勺 |
| 胡椒 | 适量 | 芝麻油 | 2g |

## 准备工作

01. 将牛肉丝洗净，沥干水分，用半勺生抽和胡椒拌匀腌制 10 分钟；

02. 将口蘑洗净，沥干水分，切片备用；

03. 将香蕉切片，将草莓洗净后切块，一起加入酸奶中；

04. 将蓝莓洗净，用厨房纸吸干其表面水分后放入酸奶中；

05. 将鸡蛋打入碗中，搅打均匀；

06. 用汤锅或者砂锅烧水。

## 做　　法

01. 将不粘锅以大火预热，放入牛肉丝翻炒，炒至肉变白时盛出；

02. 另起不粘锅，大火预热后炒口蘑片，中间点水 1 次；

03. 将豌豆米加入锅中，和口蘑一起翻炒；

04. 把口蘑和豌豆米一起盛入烧开的砂锅中，转中火煮 5 分钟；

05. 将牛肉丝加入砂锅，加半勺生抽、适量胡椒和海盐调味；

06. 转大火，将蛋液顺时针淋入锅中，关火；

07. 最后淋上 2g 芝麻油即可。

> "多吃五谷杂粮"是大家时常挂在嘴边的一句话，这里的五谷杂粮并不局限于五种谷类，而是强调饮食的多样性。时常变化食材，有助于均衡营养，让各种营养相互协调发挥作用。

| 总热量：约 404 千卡 | | |
| --- | --- | --- |
| 项目 | 重量 | 热量占比 |
| 碳水化合物 | 约 52.6g | 53% |
| 蛋白质 | 约 27.4g | 28% |
| 脂肪 | 约 8.2g | 19% |

时 长：35 分钟　　人 数：1 人份

减脂期间，最好用自然简单的方式烹饪食物，特别是要做到零酒精。
料酒的酒精浓度虽然低，但也是酒类的一种，减脂期要控制摄入哦。

# 香菇滑鸡 + 蔬菜沙拉 + 糙米饭

## 所需食材

| | | | |
|---|---|---|---|
| 鸡胸肉 | 100g | 绿甜椒 | 1 个 |
| 红甜椒 | 20g | 小番茄 | 5~8 颗 |
| 黄甜椒 | 20g | 糙米饭 *( 熟 ) | 120g |
| 香菇 ( 鲜 ) | 5 朵 | 香葱 ( 可选 ) | 4g |
| 球形生菜 | 2 片 | | |

## 所需调料

| | | | |
|---|---|---|---|
| 海盐 | 适量 | 蒸鱼豉油 | 1 勺 |
| 黑胡椒 | 适量 | 意大利黑醋 | 2 勺 |
| 生抽 | 1 勺 | 橄榄油 | 2g |

## 准备工作

01. 将生菜洗净，沥干水分，撕成小片；

02. 将三种颜色的甜椒洗净，切成条；

03. 将小番茄洗净，对半切开；

04. 将鸡胸肉洗净，沥水，切片；

05. 将香菇洗净，切厚片；

06. 将香葱切碎。

## 做　　法

01. 将香菇和鸡胸肉码放在碗中，覆盖一层保鲜膜，放入蒸箱蒸 20 分钟；

02. 分装冷冻的糙米饭也可以一同放入蒸箱；

03. 将生菜、三种甜椒和小番茄混合，加入生抽 1 勺、意大利黑醋 2 勺、橄榄油 2g，混合成经典油醋汁，做成蔬菜沙拉；

04. 香菇滑鸡蒸好后淋 1 勺蒸鱼豉油调味，可以根据自己的口味加适量黑胡椒，最后撒上葱花；

05. 将糙米饭盛出，搭配食用。

> 如果对于鸡肉所带有的禽类气味比较敏感，可以在烹煮的时候加入一些姜丝去除腥味，但是不要以加入淀粉和料酒腌制的传统方式处理鸡肉，因为吃下去的淀粉会转化成葡萄糖被人体吸收，影响减脂的效果。

* 糙米饭：详细做法见 p.123。

| 总热量：约 447 千卡 | | |
| --- | --- | --- |
| 项目 | 重量 | 热量占比 |
| 碳水化合物 | 约 49.5g | 45% |
| 蛋白质 | 约 38.9g | 35% |
| 脂肪 | 约 9.9g | 20% |

时　长：35 分钟　　人　数：1 人份

鱿鱼营养价值很高，富含人体必需的多种氨基酸，并含有大量的碳水化合物和钙、磷、硫等，而且脂肪含量极低。鱿鱼对于预防心血管疾病、补充脑力、预防痴呆有很好的辅助作用，适合中老年人食用。

# 低脂版大阪烧 + 豆浆 + 樱桃

## 所需食材

| 全麦粉 | 50g | 樱桃 | 100g |
|---|---|---|---|
| 鱿鱼 | 80g | 黄豆 | 30g |
| 卷心菜 | 80g | 鸡蛋 | 1 个 |
| 木鱼花 | 8g | 香葱 ( 可选 ) | 8g |

## 所需调料

| 海盐 | 适量 |
|---|---|
| 黑胡椒 | 适量 |
| 生抽 ( 可选 ) | 半勺 |
| 意大利黑醋 ( 可选 ) | 1 勺 |
| 芝麻油 ( 可选 ) | 2g |

## 所需工具

6 寸蛋糕模具 ( 活底 ) 1 个

## 准备工作

01. 黄豆需要提前一晚用清水浸泡，室温超过 15℃时需要将其放在冰箱里；

02. 早上起床后把泡好的黄豆放入豆浆机，加适量的水，选择好程序，启动豆浆机；

03. 将鱿鱼洗净，放入沸水中煮 1 分钟，切丁待用；

04. 将卷心菜洗净，切丝备用；

05. 将香葱洗净，切碎；

06. 将樱桃洗净、沥干；

07. 将烤箱以 200℃预热。

> 普通版的大阪烧做好之后会淋上很多酱汁或者美乃滋酱，低脂版的大阪烧则改成了低卡的蘸料，热量下降但味道不减。还可以配合这本书里其他的低卡沙拉酱汁享用，找出一款你最爱的搭配。

## 做　　法

01. 取汤碗，加入全麦粉、鸡蛋，少量多次地加入共计 50ml 清水，搅拌成均匀的面糊；

02. 将卷心菜丝、鱿鱼丁、海盐、黑胡椒混合进面糊，搅拌均匀；

03. 将混合均匀的面糊倒入蛋糕模具中，送进烤箱以 200℃烤 20 分钟，烤至 10 分钟的时候要在面包模具上盖一层锡纸，以免卷心菜烤糊；

04. 大阪烧出烤箱后脱模，放在盘子中，撒上木鱼花和香葱；

05. 将生抽、意大利黑醋和芝麻油混合制成蘸料；

06. 将樱桃装盘，也可以替换成同等重量的蓝莓；

07. 豆浆做好后，即使用的是免过滤豆浆机也建议过滤一下，这样豆浆的口感会更好，热量也会更低。

| 总热量：约 420 千卡 | | |
|---|---|---|
| 项目 | 重量 | 热量占比 |
| 碳水化合物 | 约 48.0g | 48% |
| 蛋白质 | 约 19.6g | 19% |
| 脂肪 | 约 15.1g | 33% |

时　长：20分钟　　人　数：1人份

蘑菇、香菇、平菇等食用菌普遍都具有高蛋白的特点，同时低糖低脂，有助于调节机体免疫功能、降低胆固醇，还有一定的抗癌作用。食用菌可以自己在家培育，不过从食品安全的角度出发，还是建议在正规市场购买食用。

# 蘑菇菠菜汤＋全麦核桃面包 ＋杧果柚子

## 所需食材

| | | | |
|---|---|---|---|
| 香菇 | 2 朵 | 杧果 | 120g |
| 鸡蛋 | 1 个 | 核桃全麦面包 | 75g |
| 菠菜 | 100g | 柚子 | 25g |
| 平菇 | 80g | | |

## 所需调料

| | |
|---|---|
| 海盐 | 适量 |
| 胡椒 | 适量 |
| 生抽 | 半勺 |

## 准备工作

01. 将香菇洗净，沥干，切片；
02. 将平菇洗净，沥干，撕成小片；
03. 将菠菜洗净，焯水备用；
04. 将杧果去皮，切丁，柚子剥皮后和杧果盛放在一起；
05. 将鸡蛋打入碗中，搅打均匀。

## 做　　法

01. 将不粘锅以大火预热，放入香菇和平菇翻炒，再倒入 300ml 清水；
02. 水开后转小火煮 5 分钟，放入菠菜；
03. 加适量海盐、生抽和胡椒调味；
04. 转大火，淋入蛋液，关火；
05. 将全麦面包和水果装盘，搭配食用。

全麦面包口感较为平淡，可以偶尔换成有坚果调味的面包。减脂期的饮食不要过于严苛，选择健康的食物，多变化，增加饮食的乐趣，才有助于培养良好的饮食习惯，从而更好地坚持下去。

这道汤面的汤料是以开水冲泡的，饭馆里的面条很多时候都有浓郁的汤汁，闻起来非常诱人，其中就有脂肪的功劳。在家制作减脂餐的汤面时，不要使用以肉类炖煮出来的汤，肉汤虽然味美，但脂肪含量很高。仅这一点点改变，对于减脂都是很有帮助的。

# 卤牛肉荞麦面 + 黑豆豆浆 + 果盘

## 所需食材

| | | | |
|---|---|---|---|
| 卤牛肉 | 90g | 香葱（可选） | 4g |
| 青江菜 | 100g | 橙子 | 半个 |
| 鸡蛋 | 1 个 | 猕猴桃 | 半个 |
| 香菇 | 4 朵 | 黑豆豆浆 | 200ml |
| 荞麦面（生） | 50g | | |

## 卤牛肉所需食材

| | | | |
|---|---|---|---|
| 牛肉 | 50g | 干辣椒（可选） | 2 颗 |
| 花椒（可选） | 8g | 香葱 | 适量 |
| 八角 | 1 颗 | 姜 | 适量 |

## 所需调料

| | | | |
|---|---|---|---|
| 生抽 | 1 勺 | 海盐 | 适量 |
| 老抽 | 1 茶匙 | 黑胡椒 | 适量 |
| 芝麻油 | 2g | | |

## 卤牛肉所需酱料

| | | | |
|---|---|---|---|
| 盐 | 适量 | 老抽 | 4 勺 |
| 料酒 | 3 勺 | 生抽 | 3 勺 |

## 准备工作

01. 牛肉以清水洗净；
02. 香葱洗净，沥干切段；
03. 姜洗净，切片；
04. 将青江菜洗净，沥干；
05. 将香菇洗净，沥干，顶部切十字花刀；
06. 将卤牛肉切片；
07. 将鸡蛋煮熟，去壳，对半切开；
08. 将香葱洗净，切碎。

## 卤牛肉的做法

01. 锅内加入清水，将香葱、姜片、盐、干辣椒、八角、花椒、生抽、老抽、料酒、牛肉放入锅中；
02. 盖上锅盖，以中小火炖煮 60 分钟后，关火继续闷 1~2 小时；
03. 卤好的牛肉可以根据自己的需要，分装冷冻保存。

## 做　　法

01. 在汤锅中加水烧开，下荞麦面煮 8 分钟；
02. 捞出煮好的荞麦面，放入碗中；
03. 锅内重新加入清水烧开，放入香菇、青江菜，待其熟透后捞出放入面碗中；
04. 面碗中加入适量海盐、黑胡椒、生抽、老抽；
05. 将卤牛肉片和鸡蛋码放在面上；
06. 烧一壶开水，倒入面碗中；
07. 淋上芝麻油，撒上葱花，拌匀即可。

市场上售卖的卤牛肉可能是和其他食材如猪蹄、鸡爪等共同卤制的，因此哪怕是瘦的卤牛肉，也可能吸收了来自其他食材的脂肪。在家制作卤牛肉则可以自由把握配料，过程也并不烦琐，来试一试吧。

**总热量:** 约 488 千卡

| 项目 | 重量 | 热量占比 |
|------|------|---------|
| 碳水化合物 | 约 46.4g | 37% |
| 蛋白质 | 约 43.5g | 35% |
| 脂肪 | 约 15.8g | 28% |

**时 长:** 30 分钟　　**人 数:** 1 人份

菠菜富含钙、铁、维生素A,但也含有较多草酸,直接烹饪会带来令人不快的涩味,
还可能增加患结石的风险。在烹饪前焯一下,就可以去除菠菜中八成的草酸。

# 番茄牛肉丸子菠菜蛋汤 + 玉米

## 所需食材

| 瘦牛肉 | 100g | 菠菜 | 80g |
|---|---|---|---|
| 鸡蛋 | 2 个 | 玉米 | 1 根 |
| 番茄 ( 大 ) | 1 个 | | |

## 所需调料

| 海盐 | 适量 | 生抽 | 半勺 |
|---|---|---|---|
| 胡椒 | 适量 | 芝麻油 | 2g |

## 所需工具

| 搅拌器 | 1 台 |
|---|---|

## 准备工作

01. 将玉米去皮，冲洗干净，放入蒸箱蒸 20 分钟；

02. 将牛肉冲洗干净，沥干水分后切成小块，放入搅拌器中打成肉泥；

03. 将一个鸡蛋的蛋清分离出来，备用；

04. 向肉泥中加入蛋清、适量海盐和胡椒，往一个方向搅拌均匀；

05. 将菠菜洗净，焯水备用；

06. 将番茄洗净，去皮，切块；

07. 将另一个鸡蛋打入碗中，搅打均匀。

## 做　　法

01. 将不粘锅以大火预热，放入番茄，炒至出汁后加入 500ml 清水，大火煮开；

02. 用勺子挖 1 勺牛肉泥放入番茄汤中，依次将肉泥全部挖成丸子状放入汤中；

03. 丸子煮 5 分钟后，放入菠菜，加适量海盐、生抽和胡椒调味；

04. 顺时针将蛋液淋入锅中，关火；

05. 盛出后淋上芝麻油即可；

06. 将玉米拿出，搭配食用。

> 可以利用假期的空闲时间一次性地多做些牛肉丸子，以清水白灼后沥干水分，密封分装在冰箱冷冻层保存，这样在需要吃丸子的时候就能节省制作时间。

如果没有砂锅，也可以用铸铁锅或压力锅制作焖饭。用铸铁锅焖糙米时，米和水的比例是 1 ∶ 2，以大火煮开后转中小火煮即可。用压力锅制作时，米和水的比例是 1 ∶ 1.5，将食材一起放入，根据压力锅的型号来选择时间就可以啦。

# 牛肉豆角焖糙米饭 + 奶萃咖啡

## 所需食材

| | | | |
|---|---|---|---|
| 瘦牛肉 | 100g | 大蒜 | 3 瓣 |
| 豆角 | 100g | 冷萃咖啡 | 1 包 |
| 胡萝卜 | 50g | 脱脂牛奶 | 300ml |
| 糙米（生） | 50g | | |

## 所需调料

| | |
|---|---|
| 海盐 | 适量 |
| 黑胡椒 | 适量 |
| 生抽 | 2 勺 |

## 所需工具

| | |
|---|---|
| 压蒜器 | 1 台 |

## 准备工作

01. 糙米提前一晚用清水浸泡，室温超过 15℃时需要将其放在冰箱里；

02. 用牛奶泡咖啡包，并放在冰箱中冷藏 8 小时以上，建议使用可以密封的瓶子；

03. 将牛肉冲洗干净，沥干水分；

04. 将大蒜用压蒜器处理成蒜蓉；

05. 将牛肉切片，用蒜蓉、生抽、适量海盐和黑胡椒腌制 20 分钟；

06. 将豆角洗净，切段；

07. 将胡萝卜洗净，去皮，切片。

## 做　　法

01. 将浸泡过的糙米放入砂锅中，倒入清水，控制米和水的比例为 1：3；

02. 用大火煮开后，转中火煮糙米 15 分钟；

03. 再把豆角和胡萝卜铺进锅里，最后码入腌制的牛肉；

04. 用中火继续蒸煮 20 分钟，关火后闷 5 分钟；

05. 这锅焖饭的调味品来自腌制牛肉的酱料，开锅后将牛肉、豆角和饭拌匀即可，
    无须额外添加调料；

06. 拿出奶萃咖啡，搭配饮用。

> 大蒜以压蒜器处理成蒜蓉和以刀处理成蒜粒带来的风味是不一样的，处理成蒜蓉后，
> 大蒜的香气能够更好地融入食物，不会在口腔中形成明显的气味残留，所以我建议
> 大家在家中准备一个压蒜器，这在超市都可以买到。

**总热量：**约 486 千卡

| 项目 | 重量 | 热量占比 |
|------|------|---------|
| 碳水化合物 | 约 61.0g | 50% |
| 蛋白质 | 约 44.4g | 37% |
| 脂肪 | 约 7.1g | 13% |

**时  长：** 35 分钟     **人  数：** 1 人份

食谱中提到的三色意面的"三色"，是指黄色、绿色、红色三种颜色，绿色和红色的面在制作过程中分别加入了菠菜和番茄，可以放心食用。意面使用的面粉以硬杜林小麦制作，含有很高的蛋白质和丰富的膳食纤维，适合减脂期食用。

# 番茄鳕鱼浓汁意面 + 牛奶 + 浆果

## 所需食材

| | | | | | |
|---|---|---|---|---|---|
| 牛奶 | 180ml | 鳕鱼 | 150g | 草莓 | 2 颗 |
| 树莓 | 15g | 香葱 | 4g | 小番茄 | 8 颗 |
| 蓝莓 | 20g | 三色意面 ( 干 )50g | | | |
| 樱桃 | 20g | 洋葱 | 40g | | |

## 所需调料

| | |
|---|---|
| 海盐 | 适量 |
| 黑胡椒 | 适量 |

## 准备工作

01. 将鳕鱼洗净，沥水；

02. 将烤箱以 180℃预热；

03. 将小番茄洗净，对半切开铺在烤盘底部；

04. 将洋葱切丁，撒在烤盘中；

05. 用厨房纸擦干鳕鱼表面的水分，将海盐和黑胡椒均匀抹在鳕鱼两面，然后放在小番茄上；

06. 用汤锅烧一锅水，水开后下入三色意面煮 8 分钟；

07. 将蓝莓、樱桃、草莓、树莓用小苏打洗净，沥水；

08. 将香葱切成葱花。

## 做　　法

01. 将烤盘送进烤箱，以 180℃烤 25 ~ 30 分钟；

02. 将煮好的意面捞起沥水，放入碗中；

03. 把烤好的番茄鳕鱼倒在意面上；

04. 撒上葱花即可；

05. 将牛奶倒入杯中；

06. 将洗好的浆果装盘，搭配食用。

> 市面上可以买到很多种类的鳕鱼，需要注意的是，有不法商家以油鱼冒充鳕鱼售卖。油鱼内含有的蜡酯，尽管无毒，但人体难以消化，容易导致腹泻、胃痉挛，特别是儿童食用后容易出现排油性腹泻，因此购买鳕鱼时要注意选择正规渠道，不要选择价格过低的产品。

| 总热量：约 396 千卡 | | |
| --- | --- | --- |
| 项目 | 重量 | 热量占比 |
| 碳水化合物 | 约 44.1g | 45% |
| 蛋白质 | 约 38.5g | 39% |
| 脂肪 | 约 6.8g | 16% |

时　长：35 分钟　　人　数：1 人份

玉米是很好的主食，它烹饪方便，易于保存，且富含维生素 C。另外，玉米胚尖所含的营养物质能增强人体新陈代谢、调整神经系统功能，还能起到使皮肤细嫩光滑，抑制、延缓皱纹产生的作用。

# 玉米饼 + 无油烤鸡肉 + 脱脂牛奶 + 橙子

## 所需食材

| | | | | | |
|---|---|---|---|---|---|
| 玉米粉 | 20g | 生菜 | 30g | 橙子 | 半个 |
| 小麦粉 | 15g | 香菜（可选） | 5g | 脱脂牛奶 | 150ml |
| 鸡腿肉 | 150g | 香葱（可选） | 4g | | |

## 所需调料

| | |
|---|---|
| 海盐 | 适量 |
| 黑胡椒 | 适量 |

## 准备工作

01. 将鸡腿肉洗净，去皮，沥干水分，然后切块；

02. 将生菜洗净甩干，撕成小片；

03. 将香菜和香葱洗净，切碎；

04. 将玉米粉和小麦粉混合，少量多次地加入清水，揉成面团；

05. 将烤箱以 180℃预热；

06. 将橙子洗净，切开。

## 做　　法

01. 在鸡腿肉上均匀涂抹适量海盐和黑胡椒，放在烤盘中送进烤箱，以 180℃烤 25 分钟；

02. 将玉米面团均分成 3 份，用擀面杖擀成 3 张薄薄的圆饼；

03. 不粘锅以大火预热后转中火，放入玉米面饼慢煎，中途来回翻面，煎至玉米面饼两面金黄；

04. 在煎好的玉米饼中放入生菜和烤好的鸡腿肉，撒上香菜和香葱即可；

05. 将牛奶倒入杯中；

06. 将切好的橙子装盘，搭配食用。

纯玉米粉很难制作成饼状，因此需要添加小麦粉，制作全麦饼、绿豆饼也需要用同样的方法。

| 总热量：约 512 千卡 | | |
|---|---|---|
| 项目 | 重量 | 热量占比 |
| 碳水化合物 | 约 59.8g | 48% |
| 蛋白质 | 约 35.2g | 29% |
| 脂肪 | 约 12.7g | 23% |

时 长：35 分钟　　人 数：1 人份

木糖醇是从玉米芯和甘蔗渣中提取出来的一种天然的甜味剂，热量比白砂糖要低，代谢也不需要胰岛素调节，是对糖尿病患者和减脂人群比较有利的甜味调味料。

# 三文鱼沙拉 + 燕麦棒 + 水果牛奶

## 所需食材

| | | | |
|---|---|---|---|
| 三文鱼 | 100g | 脱脂牛奶 | 180ml |
| 球形生菜 | 50g | 桃子 ( 可选 ) | 1 块 |
| 西蓝花 | 60g | 蜜瓜 ( 可选 ) | 1 块 |
| 白洋葱 | 100g | 橙子 | 1/4 个 |
| 大葱 | 50g | 杭椒 | 1 个 |
| 燕麦棒 | 45g | | |

## 所需调料

| | |
|---|---|
| 海盐 | 适量 |
| 木糖醇 | 1 茶匙 |
| 辣椒面 ( 可选 ) | 半茶匙 |
| 白醋 | 1 勺 |
| 生抽 | 1 勺 |
| 芝麻油 | 3g |

## 所需工具

| | |
|---|---|
| 搅拌器 | 1 台 |

## 准备工作

01. 将生菜洗净，沥干水分；

02. 将西蓝花处理成小朵，洗净，然后焯水待用；

03. 将杭椒去蒂，洗净，沥干水分，然后切片；

04. 将白洋葱洗净，切丝；

05. 将大葱洗净，切成 3 段；

06. 将三文鱼洗净后用厨房纸擦干其表面水分。

## 做　　法

01. 将杭椒、一半洋葱、大葱放入手持搅拌器中打碎，将打碎的青椒洋葱碎盛出，加入木糖醇、白醋、生抽、辣椒面搅拌均匀，最后加入芝麻油，制作成沙拉酱汁；

02. 不粘锅以大火预热，无油放入三文鱼，转中火慢煎；

03. 将三文鱼煎至两面金黄后关火；

04. 将生菜撕成小片，和西蓝花、洋葱丝混合；

05. 将三文鱼切成小块加入混合蔬菜中，吃的时候再淋入沙拉酱汁；

06. 将燕麦棒泡入脱脂牛奶中即可。

> 紫洋葱是大家很熟悉的食材，白洋葱则相对少见。白洋葱为椭圆形或者圆形，肉质呈白色，含水量比较大。白洋葱的辣味比紫洋葱弱一些，适合加入沙拉直接生食。

| 总热量：约 488 千卡 | | |
| --- | --- | --- |
| 项目 | 重量 | 热量占比 |
| 碳水化合物 | 约 55.6g | 47% |
| 蛋白质 | 约 29.6g | 25% |
| 脂肪 | 约 15.0g | 28% |

时　长：35 分钟　　人　数：1 人份

在吃减脂餐的初期，我们不断提醒自己要坚持低油、低盐的清淡饮食，但还不能彻底适应这样的饮食风味，此时就可以添加孜然进行调味。加入孜然的鸡胸肉会带有一点烧烤食物的味道，可以增添吃减肥餐的幸福感，不过也不要添加太多哦。

# 孜然鸡胸肉蔬菜焖饭 + 草莓酸奶 + 释迦

## 所需食材

| | | | | | |
|---|---|---|---|---|---|
| 糙米 ( 生 ) | 50g | 鸡胸肉 | 80g | 释迦 ( 可选 ) | 半个 |
| 洋葱 | 40g | 胡萝卜 | 50g | 草莓 | 2 颗 |
| 芹菜 | 60g | 鸡蛋 | 半个 | 无糖酸奶 | 120ml |

## 所需调料

| | |
|---|---|
| 胡椒 | 适量 |
| 橄榄油 | 2g |

## 准备工作

01. 糙米提前一晚浸泡，室温超过 15℃时需要将其放在冰箱里；

02. 将芹菜洗净，沥水，切丁备用；

03. 将洋葱切丁备用；

04. 将胡萝卜洗净，去皮，切丁备用；

05. 将鸡胸肉洗净，沥干水分后切丁；

06. 将草莓洗净切丁，然后加入酸奶中。

## 做　　法

01. 不粘锅以大火预热，放入鸡胸肉翻炒；

02. 放入所有的蔬菜丁，翻炒均匀、关火；

03. 将糙米放入电饭煲中，加入两倍的水；

04. 把炒好的鸡肉和蔬菜丁一起加入电饭煲中，淋入橄榄油；

05. 选择煮饭程序即可。

焖饭是一种很方便的煮饭方式，把食材准备好，剩余的都交给电饭煲就好。不过要记得，减脂期做焖饭不要加入太多食用油，配菜也不要选淀粉含量太高的，以控制脂肪和碳水化合物的摄入。

| 总热量: 约 515 千卡 | | |
| --- | --- | --- |
| 项目 | 重量 | 热量占比 |
| 碳水化合物 | 约 61.9g | 48% |
| 蛋白质 | 约 30.3g | 24% |
| 脂肪 | 约 15.9g | 28% |

时 长: 35 分钟　　人 数: 1 人份

做这道减脂餐不需要盖上盖子进烤箱，如果没有铸铁锅，使用普通的烤盘也可以。番茄属于水分比较多的蔬菜，在烤制过程中负责"出水"，让肉类食材不会烤得太干，并带有番茄的鲜味。

# 番茄炖烤三文鱼 + 糙米饭
# + 蓝莓酸奶

## 所需食材

| 番茄（大） | 1 个 | 蓝莓 | 20g |
|---|---|---|---|
| 大蒜 | 4 瓣 | 糙米饭 *（熟） | 120g |
| 三文鱼 | 100g | 无糖酸奶 | 150ml |
| 香葱（可选） | 5g | 草莓 | 2 颗 |

## 所需调料

| 生抽 | 1 勺 |
|---|---|
| 黑胡椒 | 适量 |

## 准备工作

01. 将三文鱼洗净，用厨房纸擦干其表面水分，切成大块；

02. 将分装冷冻的糙米饭送入蒸箱蒸 15 分钟；

03. 将番茄洗净，去皮，切块；

04. 将草莓洗净，切块；

05. 将大蒜去皮，切片；

06. 将香葱洗净，切碎；

07. 将烤箱以 200℃预热。

## 做　　法

01. 将番茄放入铸铁锅打底，然后放入大蒜；

02. 不粘锅以大火预热，放入三文鱼煎至两面变色，然后转至铸铁锅内，淋 1 勺生抽，
撒上黑胡椒后，送入烤箱，以 200℃烤 25 分钟；

03. 将蓝莓洗净，撒在酸奶里；

04. 从烤箱中取出番茄烤三文鱼，撒上葱花即可；

05. 将糙米饭盛出；

06. 搭配蓝莓酸奶食用。

> 如果喜欢百里香或者迷迭香的味道，可以在三文鱼上面撒一把新鲜香草，为减脂期的饮食带来更多口感选择。美味没有负担是我们的目标！

* 糙米饭：详细做法见 p.123。

总热量：约 543 千卡

| 项目 | 重量 | 热量占比 |
|---|---|---|
| 碳水化合物 | 约 54.6g | 41% |
| 蛋白质 | 约 38.1g | 29% |
| 脂肪 | 约 18.0g | 30% |

时 长：35 分钟　　人 数：1 人份

# 番茄蒜香炖烤鸡胸肉 + 芝麻菠菜 + 红柚燕麦酸奶

## 所需食材

| | | | |
|---|---|---|---|
| 鸡胸肉 | 100g | 白芝麻 | 2g |
| 菠菜 | 100g | 红柚(可选) | 40g |
| 黄甜椒 | 35g | 燕麦 | 40g |
| 大蒜 | 4 瓣 | 无糖酸奶 | 150ml |
| 小番茄 | 7 颗 | 无盐大杏仁 | 2 颗 |

## 所需调料

| | | | |
|---|---|---|---|
| 海盐 | 适量 | 生抽 | 1 勺 |
| 黑胡椒 | 适量 | 陈醋 | 半勺 |
| 意大利黑醋 | 1 勺 | | |

## 准备工作

01. 将菠菜洗净，焯水，捞起沥干备用；

02. 将小番茄洗净，对半切开，甜椒洗净，切片；

03. 将鸡胸肉洗净，切块；

04. 将烤箱以 180℃预热；

05. 将大蒜剥皮，切厚片备用；

06. 将杏仁磨碎，红柚剥皮。

## 做　　法

01. 将小番茄铺在烤盘底部，然后把鸡胸肉铺上，再把大蒜和甜椒撒在旁边；

02. 在铺好的食材上撒适量海盐和黑胡椒调味；

03. 将烤盘送进烤箱以 180℃炖烤 25 分钟，取出装盘；

04. 将沥干水的菠菜再用手挤一下，加入生抽、意大利黑醋和陈醋凉拌，最后撒上白芝麻；

05. 将燕麦倒入杯子里，再倒入酸奶，撒上杏仁碎和红柚。

食谱中的"炖烤"，是指和鸡胸肉一起送入烤箱的蔬菜(特别是小番茄)在烤制过程中会渗出汁水浸泡鸡胸肉，可以让鸡胸肉更加柔软多汁，减轻干柴的口感。记得在摆放食物时以小番茄铺底，这样可以减少食材和烤盘的粘连，同时也更便于出汁。

| 总热量: 约 559 千卡 | | |
|---|---|---|
| 项目 | 重量 | 热量占比 |
| 碳水化合物 | 约 53.1g | 53% |
| 蛋白质 | 约 31.9g | 23% |
| 脂肪 | 约 14.4g | 24% |

时 长: 25 分钟　　人 数: 1 人份

西蓝花是蛋白质含量较丰富的蔬菜，三文鱼也含有大量的动物蛋白，把它们作为晚餐食用时需要去掉食谱中的水果酸奶。三文鱼和意面的分量也要根据一天的热量摄入适当地减少，但可以增加西蓝花的量来增加饱腹感。

# 三文鱼西蓝花意面 + 水果酸奶

## 所需食材

| | | | |
|---|---|---|---|
| 西蓝花 | 120g | 黄桃 | 1 个 |
| 三文鱼 | 80g | 无糖酸奶 | 150ml |
| 螺旋意面 ( 干 ) | 50g | 草莓 | 1 颗 |
| 蓝莓 | 2 颗 | | |

## 所需调料

| | |
|---|---|
| 海盐 | 适量 |
| 黑胡椒 | 适量 |
| 生抽 | 半勺 |

## 准备工作

01. 用汤锅烧水，水开后下意面煮 8 分钟；

02. 将三文鱼洗净，沥干水分；

03. 将西蓝花处理成小朵，洗净，然后焯水备用；

04. 将黄桃去皮，切成小块，将草莓、蓝莓洗净，切块，将以上水果撒在酸奶中。

## 做　　法

01. 用厨房纸擦干三文鱼表面的水，之后切块；

02. 不粘锅以大火预热，放入三文鱼块，转中火慢煎；

03. 另起不粘锅，大火预热后放入西蓝花翻炒，中间点水 2 次；

04. 再放入煮好的意面，继续翻炒，中间点水 1 次；

05. 最后放入煎好的三文鱼块，以中火继续炒 1 分钟；

06. 加入适量海盐、生抽和黑胡椒调味即可；

07. 搭配水果酸奶食用。

三文鱼含有丰富的优质脂肪，在制作过程中不需要另外加油，而是要把不粘锅充分加热后煎出鱼肉中的油，这些油就足够用来调味了。三文鱼肉有一定厚度，记得把侧面也要均匀煎透。

| 总热量：约 471 千卡 | | |
|---|---|---|
| 项目 | 重量 | 热量占比 |
| 碳水化合物 | 约 23.6g | 20% |
| 蛋白质 | 约 38.3g | 31% |
| 脂肪 | 约 26.9g | 49% |

时 长：40 分钟　　人 数：1 人份

黄豆、牛油果都是有益脂肪的来源，黄豆富含亚油酸，牛油果能提供良好的单不饱和脂肪酸。因此，即使是无油烹饪，我们也可以从食材中获取多种有益脂肪。

# 香葱豆渣饼 + 鸡肉沙拉 + 豆浆

## 所需食材

| 黄豆 | 50g | 小番茄 | 3 颗 |
|------|-----|--------|------|
| 香葱 | 100g | 鸡蛋 | 2 个 |
| 西蓝花 | 100g | 牛油果 | 半个 |
| 鸡胸肉 | 50g | 姜片 | 若干 |

## 所需调料

| 海盐 | 适量 | 意大利黑醋 | 1 勺 |
|------|------|-----------|------|
| 黑胡椒 | 适量 | 苹果醋 | 半勺 |
| 生抽 | 1 勺 | 橄榄油 | 2g |

## 准备工作

01. 黄豆提前一晚用清水浸泡，室温超过 15℃时需要将其放在冰箱里；

02. 早上起床后先把泡好的黄豆放入豆浆机，加水，选择好研磨程序；

03. 豆浆做好后，将过滤的豆渣倒入碗中待用；

04. 将西蓝花处理成小朵，洗净，焯水 1 分钟后沥干备用；

05. 将鸡胸肉洗净，用厨房纸擦干其表面水分，切片，再用生抽、黑胡椒腌制 10 分钟；

06. 煮 1 个鸡蛋，切成 4 瓣；

07. 将香葱洗净，切碎；小番茄洗净，对半切开；

08. 将牛油果切块。

> 豆渣是打豆浆过程中的副产品，其丰富的膳食纤维可形成饱腹感，并促进肠道蠕动。和香葱混合制作的豆渣饼带有豆制品的独特香气，下次打豆浆的时候记得不要把豆渣扔掉，试一试这道菜吧。

## 做　　法

01. 将生鸡蛋和葱花加入豆渣中，撒适量海盐、黑胡椒，搅拌均匀；

02. 不粘锅以大火预热后，挖 1 勺葱花豆渣放入锅里，转中火并用勺背把豆渣按压成饼状，然后把剩余的豆渣都这样铺在锅里；

03. 用硅胶铲尝试性地翻动豆渣饼，如果比较好铲动，说明可以翻面了，如果还有一些黏就可以再煎一会儿，等豆渣饼一面定型后再翻面；

04. 另起不粘锅，将鸡胸肉放入锅中，转中火慢煎；

05. 用烧烤夹不时地给鸡胸肉翻面，煎至两面金黄；

06. 将鸡蛋、煎好的鸡胸肉、西蓝花、牛油果和小番茄混合；

07. 调制油醋汁：将生抽、意大利黑醋、苹果醋和适量黑胡椒混合，最后淋上橄榄油；

08. 将鸡肉沙拉和葱香豆渣饼摆盘，淋上油醋汁即可；

09. 将豆浆倒入杯中搭配食用。

| 总热量：约 578 千卡 | | |
|---|---|---|
| 项目 | 重量 | 热量占比 |
| 碳水化合物 | 约 78.7g | 56% |
| 蛋白质 | 约 48.9g | 34% |
| 脂肪 | 约 6.4g | 10% |

时　长：35 分钟　　人　数：1 人份

藜麦被联合国粮食及农业组织认定为"单体植物就可以满足人体基本营养需求"的食物。藜麦种子颜色主要有白、黑、红等几种，其蛋白质含量高达 16% ~ 22%，并含有人体必需的全部氨基酸，且比例适当，易于吸收。

# 糙米藜麦饭＋番茄花菜牛肉锅 ＋脱脂牛奶＋樱桃

## 所需食材

| 花菜 | 200g | 藜麦(干) | 10g | 番茄(大) | 1个 |
|---|---|---|---|---|---|
| 洋葱 | 50g | 土豆(可选) | 10g | 脱脂牛奶 | 180ml |
| 瘦牛肉 | 150g | 樱桃 | 100g | | |
| 糙米(干) | 40g | 香葱 | 4g | | |

## 所需调料

| 生抽 | 2勺 |
|---|---|
| 蚝油 | 1勺 |
| 黑胡椒 | 适量 |

## 准备工作

01. 糙米提前一晚用清水浸泡，室温超过15℃时需要将其放在冰箱里；

02. 将牛肉洗净，切成小块，用生抽、蚝油和黑胡椒腌制10分钟；

03. 将土豆、藜麦洗净，与泡好的糙米一起放入炖盅，选择炖煮程序；

04. 将番茄洗净，去皮；

05. 将花菜处理成小朵，洗净，沥水；

06. 将洋葱切丁备用；

07. 将香葱洗净，沥干，切成葱花；

08. 将烤箱以200℃预热；

09. 将樱桃洗净，沥干。

## 做　　法

01. 取铸铁锅，将番茄铺在锅底，然后放入洋葱和花菜，最后将牛肉连腌制的汁一起倒入锅中，加盖，送入烤箱以200℃烤40分钟；

02. 取出铸铁锅，撒上葱花即可；

03. 将樱桃装盘；

04. 搭配牛奶食用。

> 土豆的淀粉含量高，在这道减脂餐中，已经有糙米作为碳水化合物的来源，因此不宜添加过多土豆。减脂过程中，一定要注意碳水化合物不要重复摄入，搭配食材的时候，记得把土豆视为主食，不要视为蔬菜。

| 总热量：约 636 千卡 | | |
| --- | --- | --- |
| 项目 | 重量 | 热量占比 |
| 碳水化合物 | 约 60.1g | 38% |
| 蛋白质 | 约 41.1g | 26% |
| 脂肪 | 约 25.0g | 36% |

时　长：30 分钟　　人　数：1 人份

"木瓜丰胸"的谣言已经在网络上流传多年，这个说法大概源自木瓜丰满的外形，从而引起"以形补形"的误会，其实这是没有根据的。不过，木瓜有着较丰富的维生素和胡萝卜素，适量食用也可以丰富饮食的营养来源。

# 黑麦饼 + 五彩缤纷鸡肉串
# + 无糖木瓜酸奶

## 所需食材

| | | | | | |
|---|---|---|---|---|---|
| 黑麦粉 | 40g | 鸡蛋 | 1 个 | 青椒 ( 小 ) | 1 个 |
| 豌豆米 | 20g | 牛油果 | 半个 | 芦笋 | 3 根 |
| 鸡胸肉 | 100g | 小番茄 | 7 颗 | 无糖酸奶 | 100ml |
| 木瓜 | 80g | 洋葱 | 1/4 个 | | |

## 所需调料

| | |
|---|---|
| 孜然 | 适量 |
| 海盐 | 适量 |
| 黑胡椒 | 适量 |
| 生抽 | 1 茶匙 |

## 准备工作

01. 将鸡胸肉洗净，切块；

02. 将青椒、洋葱洗净，切片；

03. 将鸡蛋煮熟；

04. 将小番茄洗净，沥干；

05. 向黑麦粉中少量多次地加水，和成面团备用；

06. 将豌豆米焯水备用；

07. 将芦笋洗净，削去根部的皮；

08. 将木瓜切丁，放入酸奶中；

09. 将烤箱以 180℃预热。

> 黑麦带有淡褐色，通常种植于较寒冷的地区。黑麦面粉中微量元素硒的含量远超过普通小麦粉，抗氧化效果好，能够增强免疫系统功能，延缓衰老。另外，黑麦独特的色彩也增加了食用的趣味性，与五彩缤纷的鸡肉串搭配，构成视觉效果和营养价值都很棒的一道减脂餐。

## 做　　法

01. 将鸡胸肉用适量海盐、生抽和黑胡椒拌匀，然后搭配青椒片、洋葱片和小番茄，
用竹签串成串；

02. 把芦笋和鸡肉串放在烤盘中，送入 180℃的烤箱，以上下火烤 18 分钟，烤好
之后根据自己的喜好撒上孜然；

03. 用擀面杖把黑麦面团擀成薄片；

04. 不粘锅或牛排锅以大火预热后转小火，无油煎黑麦饼 5 分钟左右；

05. 将牛油果和煮好的鸡蛋分别切成 4 瓣；

06. 用黑麦饼卷着烤好的鸡肉串以及其他食材食用。

**总热量：约 617 千卡**

| 项目 | 重量 | 热量占比 |
|------|------|---------|
| 碳水化合物 | 约 66.2g | 44% |
| 蛋白质 | 约 38.3g | 26% |
| 脂肪 | 约 20.1g | 30% |

**时 长：** 35 分钟　　**人 数：** 1 人份

杏鲍菇以杏仁的香气和鲍鱼的口感而得名，它肉质肥厚，口感脆嫩，是一种非常鲜美的食材。杏鲍菇的形状十分规整，菌柄全部可以食用，烹饪方便。杏鲍菇富含蛋白质、维生素以及钙、镁等多种矿物质，有助于提高免疫力、抗癌以及降血脂。

# 黑椒牛肉杏鲍菇 + 牛油果酸奶 + 无花果

## 所需食材

| | | | | | |
|---|---|---|---|---|---|
| 杏鲍菇 | 180g | 瘦牛肉 | 100g | 牛油果 | 半个 |
| 青椒 | 2个 | 无糖酸奶 | 120ml | 无花果 | 2个 |
| 红椒 | 1个 | 燕麦片 | 40g | 蒜苗（可选） | 20g |

## 所需调料

| | |
|---|---|
| 生抽 | 1勺 |
| 蚝油 | 1勺 |
| 黑胡椒 | 适量 |

## 所需工具

| | |
|---|---|
| 搅拌器 | 1台 |

## 准备工作

01. 将牛肉洗净，沥干水分后切成小块，用生抽、蚝油和黑胡椒腌制10分钟；

02. 将杏鲍菇洗净，切块；

03. 将青椒、红椒洗净，去蒂，切片；

04. 将蒜苗洗净，切成小段；

05. 将牛油果去皮，切小块；

06. 将烤箱以180℃预热。

## 做　　法

01. 将杏鲍菇、青椒、红椒、蒜苗和腌制的牛肉混合，放入铸铁锅，加盖送入烤箱以180℃烤30分钟即可；

02. 将无花果切成多瓣，装盘；

03. 将牛油果和酸奶一起放进搅拌杯，打成奶昔；

04. 把燕麦片倒入杯底，再加入奶昔即可。

铸铁锅和烤箱是非常好的烹饪工具，用它们制作美食几乎零失败且无油烟，而且不需要添加太多食用油。食物送入烤箱后，就可以利用烤制的时间去洗漱，省时省心。另外，这道餐中的酸奶麦片也可以替换成其他主食。

# 炒白菜 + 小番茄 + 蒸红薯

| 总热量: 约160千卡 | | |
|---|---|---|
| 项目 | 重量 | 热量占比 |
| 碳水化合物 | 约31.5g | 81% |
| 蛋白质 | 约4.9g | 13% |
| 脂肪 | 约1.0g | 6% |

时　长: 25分钟　　人　数: 1人份

## 所需食材

| 小白菜 | 150g |
|---|---|
| 红薯 | 100g |
| 小番茄 | 10颗 |

## 所需调料

| 海盐 | 适量 |
|---|---|
| 生抽 | 1茶匙 |
| 胡椒 | 适量 |

## 准备工作

01. 将小白菜去根洗净并沥干水分；

02. 将小番茄洗净；

03. 将红薯洗净，去皮切块后送入蒸箱蒸15分钟。

## 做　　法

01. 不粘锅以大火充分预热后，放入小白菜翻炒；

02. 翻炒至菜梗变软后，加入生抽、海盐和胡椒调味即可出锅；

03. 搭配小番茄和蒸红薯食用。

# 凉拌五彩丝

| 项目 | 重量 | 热量占比 |
|---|---|---|
| 碳水化合物 | 约 7.9g | 29% |
| 蛋白质 | 约 15.1g | 55% |
| 脂肪 | 约 2.0g | 16% |

**时 长:** 20分钟　　**人 数:** 1人份

## 所需食材

| 黄瓜 | 100g | 红甜椒 | 50g | 水浸金枪鱼 | 50g |
|---|---|---|---|---|---|
| 黄甜椒 | 50g | 绿豆芽 | 80g | 魔芋粉丝 | 100g |

## 所需调料

| 意大利黑醋 | 1 勺 | 苹果醋 | 1 茶匙 |
|---|---|---|---|
| 生抽 | 半勺 | 芝麻油 | 1g |

## 准备工作

01. 将黄瓜洗净，切丝；

02. 将两色甜椒洗净，切丝；

03. 将绿豆芽洗净，焯水沥干；

04. 将金枪鱼用叉子叉碎；

05. 将魔芋粉丝冲洗干净，焯水煮熟后捞起，沥干水分。

## 做　　法

01. 将魔芋粉丝、金枪鱼、黄瓜丝、甜椒丝、绿豆芽放入沙拉碗中；

02. 向碗中加入意大利黑醋、生抽、苹果醋、芝麻油，搅拌均匀即可。

| 总热量：约 120 千卡 | | |
|---|---|---|
| 项目 | 重量 | 热量占比 |
| 碳水化合物 | 约 0.5g | 1% |
| 蛋白质 | 约 21.3g | 71% |
| 脂肪 | 约 3.7g | 28% |

时　长：10 分钟　人　数：1 人份

墨鱼蛋是雌乌贼的缠卵腺，也称月蛋，呈椭圆形，外面裹着一层半透明的薄皮。
它含有大量蛋白质和人体所需的氨基酸，对于防癌、降血脂、降血压有所助益。

# 清汤墨鱼蛋

## 所需食材

| | |
|---|---|
| 墨鱼蛋 | 150g |
| 香菜（可选） | 7g |
| 香葱（可选） | 4g |

## 所需调料

| | |
|---|---|
| 海盐 | 适量 |
| 胡椒 | 适量 |
| 芝麻油 | 2g |

## 准备工作

01. 将墨鱼蛋洗净；
02. 将香菜和香葱洗净、切碎；
03. 煮一锅开水。

## 做　　法

01. 在碗中放入香菜、香葱和适量的海盐、胡椒；
02. 舀 3 勺煮开的水倒入碗中；
03. 将墨鱼蛋放入锅中煮 2 分钟后捞起；
04. 将墨鱼蛋改刀切丁，放入碗中；
05. 最后淋上芝麻油即可。

墨鱼蛋美味可口，《随园食单》中记载了墨鱼蛋的制法："乌鱼蛋最鲜，最难服事，须河水滚透，撇沙去臊，再加鸡汤蘑菇煨烂。"这道菜把这种做法加以改良，即使减脂期也可以食用。

# 鸡丝燕麦粥

**总热量：** 约 181 千卡

| 项目 | 重量 | 热量占比 |
|---|---|---|
| 碳水化合物 | 约 19.4g | 44% |
| 蛋白质 | 约 13.9g | 32% |
| 脂肪 | 约 4.6g | 24% |

**时 长：** 30 分钟　　**人 数：** 1 人份

## 所需食材

| | |
|---|---|
| 鸡胸肉 | 50g |
| 钢切燕麦 | 30g |
| 芹菜 | 30g |

## 所需调料

| | |
|---|---|
| 海盐 | 适量 |
| 胡椒 | 适量 |

## 准备工作

01. 将鸡胸肉洗净，煮熟，捞起后沥干水分；
02. 将鸡胸肉撕成丝；
03. 将芹菜洗净，切碎。

## 做　　法

01. 在不粘奶锅中注入 300ml 清水，煮开后倒入钢切燕麦，转中火慢煮 15 分钟；
02. 将芹菜和鸡胸肉加入燕麦粥中，继续熬煮 5 ~ 8 分钟；
03. 最后加适量海盐、胡椒调味即可。

# 冬瓜虾米汤 + 蒸山药

**总热量：约 152 千卡**

| 项目 | 重量 | 热量占比 |
|------|------|---------|
| 碳水化合物 | 约 28.2g | 77% |
| 蛋白质 | 约 6.4g | 17% |
| 脂肪 | 约 1.0g | 6% |

**时 长：** 20 分钟　　**人 数：** 1 人份

## 所需食材

| | |
|---|---|
| 冬瓜 | 250g |
| 虾皮 | 5g |
| 山药 | 200g |
| 香葱（可选） | 4g |

## 所需调料

| | |
|---|---|
| 海盐 | 适量 |
| 生抽 | 1 茶匙 |
| 黑胡椒 | 适量 |

## 准备工作

01. 将冬瓜洗净，削皮，切成小块；

02. 将山药洗净，送入蒸箱蒸 20 分钟；

03. 将香葱洗净，切碎。

## 做　法

01. 不粘锅以大火预热，放入冬瓜块翻炒，中间点水 2 次；

02. 炒至冬瓜表面变软后，加 400ml 清水用大火煮开，转中火煮 3 ~ 5 分钟；

03. 汤碗中放入适量海盐、生抽、黑胡椒、虾皮、香葱；

04. 将煮好的冬瓜汤倒入碗中即可；

05. 搭配山药食用。

| 总热量： | 约 222 千卡 | |
|---|---|---|
| 项目 | 重量 | 热量占比 |
| 碳水化合物 | 约 33.2g | 64% |
| 蛋白质 | 约 14.4g | 27% |
| 脂肪 | 约 2.2g | 19% |

时　长：30 分钟　　人　数：1 人份

如果使用的是有预约功能的压力锅，可以在早上出门时将淘洗好的杂粮和水一起放在锅中，预约好时间，这样下班回来制作时就可以节省不少时间。

# 番茄西蓝花炒荷兰豆 + 杂粮粥

## 所需食材

| 番茄 | 1 个 | 糙米 | 10g |
|------|------|------|------|
| 西蓝花 | 150g | 杂豆 | 10g |
| 荷兰豆 | 100g | 黑米 | 10g |
| 薏米 | 10g | | |

## 所需调料

| 生抽 | 1 茶匙 | 胡椒 | 适量 |
|------|--------|------|------|
| 海盐 | 适量 | 生抽 | 适量 |

## 准备工作

01. 薏米、黑米、糙米和杂豆提前 8 小时浸泡；
02. 将西蓝花掰成小朵，洗净；
03. 将荷兰豆两头掐丝，洗净；
04. 将番茄洗净去皮，切片。

## 做　　法

01. 将泡好的杂粮米淘洗干净，全部放入电饭煲中，加入适量的水，米和水的
比例是 1：2，选择煮粥模式；
02. 不粘锅以大火预热，无油炒番茄；
03. 少量多次点水，将番茄炒成糊状后，加入西蓝花和荷兰豆；
04. 蔬菜炒软的时候，加入适量海盐、生抽和胡椒调味即可；
05. 将煮好的粥盛出，搭配食用。

# 番茄花菜 + 玉米

| 总热量：约 196 千卡 | | |
|---|---|---|
| 项目 | 重量 | 热量占比 |
| 碳水化合物 | 约 32.6g | 71% |
| 蛋白质 | 约 9.5g | 20% |
| 脂肪 | 约 1.9g | 9% |

时　长：30 分钟　　人　数：1 人份

## 所需食材

| 花菜 | 180g |
|---|---|
| 番茄 ( 大 ) | 1 个 |
| 玉米 | 半根 |

## 所需调料

| 海盐 | 适量 |
|---|---|
| 黑胡椒 | 适量 |
| 生抽 | 1 勺 |

## 准备工作

01. 将花菜掰成小朵，洗净后沥水；

02. 将番茄洗净，去皮后切块；

03. 将玉米洗净，切块待用；

04. 将烤箱以 180℃ 预热。

## 做　　法

01. 不粘锅以大火预热，无油炒番茄，转中火炒 2 分钟，中间点水 2 次；

02. 加入花菜翻炒均匀后转至铸铁锅内，放入玉米；

03. 加适量海盐、生抽和黑胡椒，加盖送进烤箱以 180℃ 烤 20 分钟即可。

# 凉拌木耳 + 卷心菜全麦鸡蛋饼

## 所需食材

| | | | |
|---|---|---|---|
| 木耳 ( 干 ) | 5g | 鸡蛋 | 1 个 |
| 卷心菜 | 100g | 香菜 ( 可选 ) | 4g |
| 全麦粉 | 30g | 大蒜 ( 可选 ) | 1 瓣 |

## 所需调料

| | | | |
|---|---|---|---|
| 陈醋 | 2 勺 | 海盐 | 适量 |
| 生抽 | 1 勺 | 黑胡椒 | 适量 |
| 芝麻油 | 1g | | |

## 准备工作

01. 木耳需要提前 2 小时泡发;
02. 将泡好的木耳洗净焯水 1 分钟,焯好后过一下冰水,沥干,待用;
03. 将卷心菜洗净,切成细丝;
04. 将大蒜剥皮,切碎;
05. 将香菜洗净,切碎。

## 做　　法

01. 将木耳改刀切小朵,和香菜、蒜蓉混合;
02. 加入陈醋、生抽和芝麻油,混合均匀;
03. 取汤碗,将卷心菜丝加入少许海盐,腌制 10 分钟使其出水;
04. 再加入鸡蛋、全麦粉、适量黑胡椒混合,拌成均匀的蔬菜面糊;
05. 不粘锅以大火预热,将蔬菜面糊倒入锅中,用硅胶铲将面糊均匀地铺在锅中;
06. 转中火煎至蔬菜饼定型后,翻面;
07. 煎至两面金黄即可出锅。

| 总热量: 约 234 千卡 | | |
|---|---|---|
| **项目** | **重量** | **热量占比** |
| 碳水化合物 | 约 28.5g | 51% |
| 蛋白质 | 约 13.0g | 23% |
| 脂肪 | 约 6.5g | 26% |

时 长:30 分钟　　人 数:1 人份

**总热量：**约 263 千卡

| 项目 | 重量 | 热量占比 |
|------|------|---------|
| 碳水化合物 | 约 25.3g | 38% |
| 蛋白质 | 约 31.9g | 49% |
| 脂肪 | 约 3.8g | 13% |

时　长：35 分钟　　人　数：1 人份

巴沙鱼是性价比非常高的一种鱼类，一方面含有丰富的蛋白质，另一方面价格不高、处理起来也十分方便。其肉不含刺，方便老人和儿童食用。新鲜柠檬带来的清新酸甜味道，让这道菜十分爽口。

# 柠檬香烤巴沙鱼 + 小米粥

## 所需食材

| | |
|---|---|
| 小米 | 30g |
| 巴沙鱼 | 200g |
| 柠檬 | 1 个 |

## 所需调料

| | |
|---|---|
| 海盐 | 适量 |
| 黑胡椒 | 适量 |

## 准备工作

01. 将小米淘洗干净；
02. 将巴沙鱼洗净，沥干；
03. 将柠檬洗净，擦干其表面水分，切成薄片，剔掉柠檬籽；
04. 烤箱以 200℃预热。

## 做　法

01. 在不粘奶锅中倒入 400ml 清水煮开，加入小米，沸腾后转小火慢煮；
02. 用厨房纸吸干巴沙鱼肉表面的水分，抽出鱼肉中部的白线；
03. 在鱼肉两面撒少许海盐和黑胡椒，按摩均匀；
04. 取一个烤盘，垫上两层锡纸，把鱼肉平放在锡纸正中间；
05. 卷起上层锡纸的四边，避免汤汁在烤制过程中流出；
06. 把柠檬片均匀摆放在鱼肉上，覆盖住鱼肉表面；
07. 送入烤箱以 200℃烤 30 分钟；
08. 烤好后去除柠檬片即可；
09. 盛出小米粥食用。

> 以烤箱制作食物不会产生油烟，也非常好清洁。食谱中在烤盘里垫了两层锡纸，是为了防止汁水流出和鱼肉粘连。拿出鱼肉之后直接丢弃锡纸，对烤盘简单清洁即可。

# 杂蔬玉米炒鸡丁 + 紫菜汤

**总热量：** 约 293 千卡

| 项目 | 重量 | 热量占比 |
|------|------|---------|
| 碳水化合物 | 约 44.1g | 57% |
| 蛋白质 | 约 22.9g | 30% |
| 脂肪 | 约 4.6g | 13% |

时 长：15 分钟　　人 数：1 人份

## 所需食材

| | | | |
|------|------|------|------|
| 豌豆 | 60g | 紫菜（干） | 5g |
| 胡萝卜 | 60g | 虾皮 | 2g |
| 玉米粒 | 100g | 香葱 | 适量 |
| 鸡胸肉 | 60g | 香菜 | 适量 |

## 所需调料

| | |
|------|------|
| 海盐 | 适量 |
| 胡椒 | 适量 |

## 准备工作

01. 将鸡胸肉洗净，切丁后焯水沥干；

02. 将豌豆洗净，焯水煮熟；

03. 将胡萝卜去皮洗净切丁，焯水煮熟；

04. 将玉米粒洗净，焯水煮熟；

05. 烧一壶开水。

## 做　　法

01. 不粘锅以大火充分预热后，倒入所有食材，混合翻炒，中间点水 2 次；

02. 最后加适量海盐和胡椒调味，翻炒均匀出锅；

03. 将虾皮、紫菜、海盐、胡椒放入碗中，倒入开水冲泡即可。

# 橙香烤鸡胸肉 + 白灼生菜

**总热量：约 192 千卡**

| 项目 | 重量 | 热量占比 |
|---|---|---|
| 碳水化合物 | 约 16.5g | 35% |
| 蛋白质 | 约 19.5g | 41% |
| 脂肪 | 约 5.0g | 24% |

**时　长：** 30 分钟　　**人　数：** 1 人份

## 所需食材

| | |
|---|---|
| 鸡胸肉 | 80g |
| 生菜 | 200g |
| 橙子 | 半个 |

## 所需调料

| | |
|---|---|
| 海盐 | 适量 |
| 黑胡椒 | 适量 |
| 蒸鱼豉油 | 1 勺 |

## 准备工作

01. 将鸡胸肉洗净后沥干水分；
02. 将橙子洗净后切片；
03. 将生菜洗净，焯水后沥干；
04. 将烤箱以 180℃ 预热。

## 做　　法

01. 将鸡胸肉横切一刀，处理成两大片，铺在烤盘中；
02. 将适量海盐和黑胡椒均匀涂抹在鸡胸肉两面；
03. 将橙子片铺盖在鸡胸肉上，送进烤箱以 180℃ 烤 20 分钟；
04. 在生菜上淋一勺蒸鱼豉油调味即可。

**总热量：** 约 229 千卡

| 项目 | 重量 | 热量占比 |
|---|---|---|
| 碳水化合物 | 约 27.8g | 47% |
| 蛋白质 | 约 22.3g | 38% |
| 脂肪 | 约 4.1g | 15% |

时 长：20 分钟　　人 数：1 人份

# 鱿鱼苹果凉拌西芹

## 所需食材

| | | | |
|---|---|---|---|
| 鱿鱼 | 100g | 西芹 | 120g |
| 苹果 | 100g | 鹰嘴豆 ( 干 ) | 20g |

## 所需调料

| | | | |
|---|---|---|---|
| 意大利黑醋 | 1 勺 | 生抽 | 半勺 |
| 意大利红酒醋 | 半勺 | 橄榄油 | 2g |
| 黑胡椒 | 适量 | | |

## 准备工作

01. 鹰嘴豆需要提前 8 小时以清水浸泡，室温超过 15℃时需要将其放在冰箱里；

02. 将西芹洗净，切丁；

03. 将苹果洗净，切丁；

04. 将鱿鱼洗净，切丁。

## 做　　法

01. 烧一小锅水，水开后加鹰嘴豆煮 8~12 分钟，煮的时间越长口感越糯；

02. 将煮好的鹰嘴豆沥干，晾凉；

03. 将西芹焯水后过冰水；

04. 将鱿鱼焯水煮 1 分钟，过冰水；

05. 把焯好的西芹、鱿鱼、苹果丁、鹰嘴豆拌在一起；

06. 将意大利黑醋、意大利红酒醋、生抽和适量黑胡椒混合均匀，再加入橄榄油，调和成油醋汁；

07. 将调好的油醋汁淋入即可。

| 总热量：约 334 千卡 | | |
|---|---|---|
| 项目 | 重量 | 热量占比 |
| 碳水化合物 | 约 56.0g | 68% |
| 蛋白质 | 约 21.2g | 26% |
| 脂肪 | 约 2.0g | 6% |

时 长：40 分钟　　人 数：1 人份

这道食谱中的土豆和藕可以替换成玉米或红薯，它们均属于含淀粉较高的根茎类蔬菜和粗粮，所以这份炖烤鲜虾杂蔬已经富含主食，不要再另外搭配其他主食。特别是作为晚餐的时候，要减少淀粉含量高的食材。

# 炖烤鲜虾杂蔬

## 所需食材

| 基围虾 | 8 只 | 西芹 | 120g |
|--------|------|------|------|
| 莴苣 | 160g | 土豆 | 200g |
| 莲藕 | 80g | | |

## 所需调料

| 蚝油 | 1 勺 | 海盐 | 适量 |
|------|------|------|------|
| 生抽 | 适量 | 黑胡椒 | 适量 |

## 准备工作

01. 将莴苣去皮，洗净沥干后，斜切成片；

02. 将莲藕去皮，洗净沥干，切成圆片；

03. 将西芹择去叶子只留茎，洗净沥干，斜切成片；

04. 将土豆去皮洗净，沥干后，切成小块；

05. 基围虾需要去除虾线，洗净，沥干。

## 做　　法

01. 取铸铁锅，由锅底往上按顺序均匀铺放莴苣片、西芹片、莲藕片、土豆块、虾；

02. 调酱汁：取适量蚝油、生抽、盐、黑胡椒，搅拌均匀；

03. 把酱汁均匀浇在铁锅里的食材上；

04. 铸铁锅加盖送入烤箱，以上下火、200℃烤 30 分钟；

05. 烤好后，将食材和汤汁拌匀即可食用。

> 本食谱的制作使用了铸铁锅，没有铸铁锅的话，使用普通烤盘也可以，可以用锡纸加以密封。

| 总 热 量: 约 125 千卡 | | |
| --- | --- | --- |
| 项目 | 重量 | 热量占比 |
| 碳水化合物 | 约 22.2g | 66% |
| 蛋白质 | 约 7.2g | 21% |
| 脂肪 | 约 1.9g | 13% |

时 长: 60 分钟

# 素高汤

## 所需食材

| | | | |
|---|---|---|---|
| 黄豆芽 | 100g | 姜 | 4 片 |
| 海带（干重）20g | | 白萝卜 | 半个 |
| 香葱 | 10g | | |

## 准备工作

01. 海带需要提前以清水浸泡，室温超过 15℃时需将其放在冰箱里；

02. 将豆芽洗净；

03. 将白萝卜洗净去皮，切块；

04. 将香葱洗净。

## 做　　法

01. 将所有食材放入铸铁锅里，注入大半锅清水，盖上盖子以中火烧开之后转小火炖煮 1 个小时；

02. 煮好后用漏勺过滤掉食材，用冰格或者保鲜盒将素高汤冷冻保存即可。

排骨汤、猪蹄汤等肉汤里含有大量脂肪与嘌呤，减脂期尽量不要喝。如果与家人一起吃饭，也要尽量选择汤里的干货吃。素高汤可以涮菜，也可以煮面条或者馄饨，也可以用来煮本书中提到的鱼丸、牛肉丸和鸡肉丸等。

# 66 的减肥日记

减肥是一个伪命题
其实减肥更重要的是自律
当你有自控的能力,
能合理利用时间,有一个健
康的心态,让日常生活
变成一个良性循环,减肥
这件事,自然水到渠成.

# 第五章

首次公开:
旅行中的享瘦秘籍

经常有朋友说，每逢旅行就要胖上 1.5 公斤左右。所以她们总是问我，为什么旅行时我没有胖，反倒更瘦了，是不是过着苦行僧的生活？如果旅途中不能享受美食，旅行的意义岂不是减了一半？

旅行的时候，当然要享受各地美食，但这不意味着就会发胖。

有选择地享用当地美食，学会在当地的菜市场买食材，利用民宿的厨房做美食。在我看来，这是旅行中快速融入当地生活最好的方式。

菜市场是一座城市中最好的风景，甚至有人说，想自杀的时候，就去逛一逛菜市场。

活色生香的生活，永远是医治人类伤痛最好的药。在享受美食的时候，你也可以继续用我教给你的那些方法，搭配出不会发胖的美食食谱。

# 学会阅读营养成分表和配料表

营养成分表可以帮助我们在面对琳琅满目的食品时做出正确的选择。当你无法判断一个食物是不是最佳选择的时候，可以对比不同的食物成分表，明智地选择适合自己的。根据自己的身体情况及健康诉求，来制订适合自己的饮食摄入标准。

因为我是减脂人群，所以我的诉求是摄入低脂肪、低糖、低钠（盐）和高蛋白的食物。

当然，这个标准并不是绝对的。比如当我要选择一份主食，关注的就是碳水化合物和蛋白质的含量要高，脂肪、钠的含量越低越好；当我要选择一杯乳制品，目的是补充蛋白质和钙，这个时候碳水化合物和脂肪的含量就越低越好。

市面所售的酸奶中，很多添加了糖分。一杯无糖的酸奶其碳水化合物含量应该在 5g 左右，有些酸奶打着低脂、无蔗糖的卖点做宣传，但是为了口感考虑，会添加甜味剂、食用香精等食品添加剂。我要买的是无糖酸奶，而不是代糖酸奶，虽然使用食品添加剂是符合食品安全国家标准的，但如果你想长期健康地减脂，就要摆脱对于人工添加口感的依赖，包括"甜"。

| 项目 | 每100g | NRV%( 营养素参考值 ) |
| --- | --- | --- |
| 能量 | 371KJ | 4% |
| 蛋白质 | 3.1g | 5% |
| 脂肪 | 3.1g | 5% |
| 碳水化合物 | 12.0g | 4% |
| 钠 | 65mg | 3% |

营养素参考值是营养标签中所含营养成分以每 100g(ml) 或每份食品中的含量数值标示，并同时标示所含营养成分占营养素参考值 (NRV) 的百分比。

这是某酸奶的营养成分表，碳水化合物有 12g，很明显，含糖太多。

一般来说，能量值、脂肪含量、碳水化合物含量 ( 糖 ) 是减肥期间需要注意的。比如一瓶 330ml 的可乐的能量是 594KJ，其中蛋白质和脂肪含量都是 0，所有的能量都来自糖 (35g)，喝下这样一瓶可乐需要散步一个小时才能消耗掉。

购买奶制品除了要注意碳水化合物和脂肪含量，还要注意蛋白质的含量。在脂肪含量合理、没有额外添加糖的前提下，首选蛋白质含量高的奶制品。

食物中的钠主要来自食盐，但除此之外还包括食品添加剂中的钠和食物本身含的钠。钠的每日推荐摄入量是 2300mg，换算成食盐就是每日推荐摄入食盐 5.8g。盐分在体内残留太多会影响水分的排泄，从而让脂肪囤积，造成水肿现象。所以平时饮食上要减少食盐的摄入量，防止大量钠盐滞留在体内无法代谢。

健康的饮食习惯应该是低钠的。

果脯、方便面、深加工的肉制品通常都是钠含量较高的食品。

在选择包装食品时，尽量选择三低食物，即低脂、低钠、低糖。

○ 低脂：每 100g 食物中脂肪含量 ≤ 3g，或每 100ml 食物中脂肪含量 ≤ 1.5g；

○ 低糖：每 100g 或 100ml 食物中，糖含量 ≤ 5g；

○ 低钠：每 100g 或 100ml 食物中，钠含量 ≤ 120mg。

学会阅读营养成分表和配料表可以帮助我们在外选择适合的食物，出差或者是外出旅行的时候，依然能够享用健康的饮食。

其实很多时候，食材并没有错，只是现在的加工方式越来越多，我们有时候没有办法分辨食物原本的样子，这个时候就可以借助配料表和营养成分表来加以辨别。

我喜欢旅行，但是曾经的我对美食的定义特别狭隘。在我看来，只有中华美食才是美食，我只喜欢吃中式菜，超爱吃火锅，甚至觉得中餐以外是没有美食的。那个时候出国旅行，必带的是鸡翅、猪肉脯、鸭舌等真空包装的小零食，还会带一个便携的小火锅，可以蒸煮米饭，也可以涮火锅，当然火锅底料是少不了的，还要带上榨菜。

我从小最爱的早餐就是热干面，在这次减肥开始之前，我几乎不碰面包。旅行的时候会带热干面的方便装，或者在当地华人超市买芝麻酱、酱油和面条，自己回民宿做。我不吃西餐，不吃日本料理，排斥尝试不同国家的饮食，像罗勒、迷迭香这样的香草料，我统统不接受。

所以，之前的旅行，我错过了很多美食。

有位经常和我一起出行的小姐妹说，那个时候的我固执得不可理喻，属于那种要吃什么东西就必须吃到，喜欢吃就要吃到撑的人。在美国的时候，我特别钟爱超市里的烤鸡翅，每次她跟我去超市，我站在烤鸡柜台前选得不亦乐乎，她则捧着一个纸盒子在旁边的自选沙拉柜台夹各种菜叶子。

我们在美国旅行了 30 多天，有超过一半的时间她都在吃沙拉。我问她："每天吃叶子无聊吗？"她说："这样吃可以瘦，拍照片好看。"

现在回想起来，我发现原来胖子眼中的世界和瘦子的是不一样的。

胖子的世界很狭隘，每天的生活有很大一部分用来吃，有时候错失一些机遇就只会埋怨这个世界不公平。而瘦子知道，要保持身材，就要吃得更健康。

无论去哪里，朋友们都会选择更低脂的食物，晚上过了 8 点不再吃东西。

身边的朋友都特别喜欢和我一起出国旅行，除了我喜欢自驾、主动做攻略和当摄影师外，我还是一个移动的小厨房。我随身携带榨菜和火锅底料，每到一个地方会先去超市采购酱油、醋，我还会从国内自带一小包鸡精。所以跟着我一起旅行，除了不用操心行程，有美美的照片，最重要的是还可以吃到家里的味道。

旅行对我来说，是认识世界的一种方式，每到一个地方我都会选择居住在民宿以感受当地的生活。我喜欢这样的旅行方式，自己开车，尽可能不受公共交通的限制。

▲ 2016 年 2 月在美国阿拉斯加的民宿厨房，我正准备给大家做晚餐。

▲ 2017 年 2 月在新西兰皇后镇的民宿厨房，我正在给大家切水果。

最近两年，我改变了生活习惯，开始接纳不同的饮食文化，回头看看曾经的自己，真是个井底之蛙。不过，也正是因为走过了更多的地方，才能意识到曾经的自己多么狭隘。

这个世界很大、很有趣，不是只有吃才能满足我们的探索欲望。

2016 年，我们在美国待了 30 多天，在一号公路自驾，去了大峡谷，还去了阿拉斯加追极光。最难忘的是去了亚利桑那州北部的波浪谷，那里的砂岩纹路像波浪一样，由数百万年的风、水和时间雕琢而成。

古老的沙丘最后形成了流畅的纹路，创造了一种令人目眩的三维立体效果。为了保护这样的奇美自然景观，美国国土局每天只允许 20 个人进入波浪谷参观，其中 10 个名额可以在网上抽签获得，另外 10 个名额需要在当地国土局管理办公室现场抽签。

我们很幸运地被一次抽中，在第二天早上 7 点开始徒步进入，翻山越岭，终于在中午抵达了让人惊叹的波浪谷。那个时候的我，体重已达 135 公斤左右，大家一路上都比较照顾我的速度，最终我们在天黑前回到了停车场。

到后来，我减重到 80 公斤，走在新西兰罗伊峰步道上时，可以不再拖大家的后腿了，觉得瘦下来的感觉真好。

在美国波浪谷时，小伙伴们在大自然留下的杰作上起跳。而我因为太重跳不动，只默默地留了一张走路的照片。

我可以重返普罗旺斯，可以重走一号公路，但是波浪谷不同。除了时间成本还需要运气，很多在这里故意停留多日的旅行者，都因为一直没有中签而不得不遗憾地离开。

之所以想讲这段旅程，因为它几乎是我在最重的时候去的。体重减下来以后，我重游了很多地方，在同一个地点拍照，但对于波浪谷，我不知道瘦下来的自己有没有第二次的好运，能站在同一个地方，拍一张对比照给大家看。

现在出国，我不再迷恋炸鸡烤翅、汉堡这样的高热量食物，也不再随身带鸭脖、鸭翅这样的零食，火锅底料和榨菜也消失在我的行李箱中，我开始轻装上阵。

▲ 行走在波浪谷。

每到一个国家，我都会去享用当地的美食，亲自采购当地特有的食材，带回民宿烹饪。我也会趁机了解和尝试西餐里常用到的一些调味料，比如黑醋、红酒醋等。很难想象，曾经的我不吃黑胡椒，现在的我，只要有一瓶黑胡椒就可以解决所有作料问题。

　　用黑胡椒代替食盐调味，能够避免水肿，让人看起来更瘦。

　　所以无辣不欢什么的，是我们对自己的狭隘定义。世界这么大，一定要出去看看，海纳百川，即使是健康餐也可以吃得非常创新和美味。

▲　2016 年 2 月，我和同伴在古巴的一家餐厅用餐。

# 新西兰，
## 记一次生日旅行

　　每年 1~2 月都是我的长途旅行时间，最早是因为这个时间恰巧是过年前后，容易凑出一整段时间。后来就变成了生日月的旅行，因为我的生日也是在 1 月。

　　2017 年元旦，我的体重降至 80 公斤，8 个月的时间，我减掉了 57.5 公斤。

　　胖会导致内分泌紊乱，瘦下来之后，我的情绪和脾气都发生了改变。

　　过完元旦没多久，朋友沙拉小姐就和我一起登上了飞往新西兰的航班，我也将迎来 30 岁的人生。

▶ 2017 年 1 月，
我和朋友沙拉小姐在新西兰。

在我看来，旅行的意义是暂时跳脱熟悉的生活圈和工作轨道，去别人的世界看看。这个过程不应该是匆忙的，特别是每一天的早晨，不管在哪里，我们都应该认真对待。

新西兰的汽车是右舵驾驶，靠左行驶，他们承认中国驾照，前提是得有一份翻译件。我们一抵达奥克兰就在机场办理了提车手续，时间还早，我们在去民宿的路上顺便去了超市，采购了第二天的早餐食材。

来到新西兰，肯定要尝一尝这里的牛肉和奶制品。西方国家很早就开始注重健康饮食，在这里的超市可以随意买到无糖酸奶。沙拉叶菜也有很多处理干净后以密封小包包装的，不用担心吃不完。

旅行的路上要注意补水，我会随身携带一个 500ml 的水壶，尽量不喝饮料。

水果我也会每天买，主要以蓝莓、树莓、黑莓、草莓、苹果和桃子等低糖水果为主。香蕉等水果含糖较高，我买得少。除了牛肉，在新西兰吃海鲜也非常方便，我特别喜欢吃黑虎虾。

我们入住的民宿几乎都有厨房，新西兰的酒店很多也都是套房，包含厨房，感觉来这里度假旅游的很多以家庭为单位。有些厨房的厨具和调味品都很齐全，有些则没有调味品，为了方便，我采购了一小瓶橄榄油，还有研磨海盐和黑胡椒。

▲ 新西兰当地美食。

| 总热量: 约 579 千卡 | | |
|---|---|---|
| 项目 | 重量 | 热量占比 |
| 碳水化合物 | 约 47.0g | 39% |
| 蛋白质 | 约 39.0g | 32% |
| 脂肪 | 约 16.0g | 29% |

时　长: 25 分钟　　人　数: 2 人份

旅行中身体的消耗要比日常中更大, 早餐一定要吃得健康和丰盛。相比在家, 我对糖的控制稍微放松了一些, 比如我在酸奶中淋了少许的蜂蜜来调味。在新西兰, 我们经常徒步, 每天大概会行走 2 万步以上, 吃进去的这些糖也都会被消耗掉。旅行的途中要享受美食, 也要继续享瘦!

# 黑椒牛肉蔬菜沙拉 + 酸奶 + 蓝莓

**所需食材**

| 无糖酸奶 | 300ml | 混合沙拉蔬菜 | 200g | 香蕉 | 1 根 |
|---|---|---|---|---|---|
| 蓝莓 | 150g | 小番茄 | 10 颗 | 全麦吐司 | 2 片 |
| 牛肉 | 200g | 鸡蛋 | 2 个 | 蜂蜜 ( 可选 ) | 适量 |

**所需调料**

| 橄榄油 | 适量 |
|---|---|
| 海盐 | 适量 |
| 黑胡椒 | 适量 |

**准备工作**

01. 将牛肉洗净、沥干，再用厨房纸吸干其表面残留水分；
02. 用刀背拍打整块牛肉，使牛肉松散；
03. 撒适量海盐和黑胡椒腌制牛肉 15 分钟；
04. 混合沙拉叶菜是处理干净后密封包装的，拿出来可以直接摆盘，里面有生菜、芝麻叶、紫甘蓝和少许胡萝卜丝，也可以自己随意搭配些沙拉叶菜；
05. 吐司切出 2 片，再将香蕉切片铺在吐司上，每人 1 片吐司，放半根香蕉；
06. 将小番茄对半切开；
07. 放几颗蓝莓在酸奶里，淋少许蜂蜜；
08. 用清水煮鸡蛋。

**做　　法**

01. 不粘锅以大火预热后转中火，淋入少许橄榄油；
02. 将腌制好的牛肉放入锅中，煎至自己喜欢的熟度（注意煎牛肉的时间要根据牛肉的厚薄来判断）；
03. 将煎好的牛肉分切成小块，铺在沙拉叶菜上，最后撒上小番茄；
04. 将煮好的鸡蛋对半切开，摆盘即可。

总热量：约 481 千卡

| 项目 | 重量 | 热量占比 |
|------|------|---------|
| 碳水化合物 | 约 69.5g | 57% |
| 蛋白质 | 约 36.1g | 29% |
| 脂肪 | 约 7.9g | 14% |

时　长：30 分钟　　人　数：2 人份

# 三色牛肉意面 + 水果 + 红茶

**所需食材**

| 牛肉片 | 180g | 蓝莓 | 100g | 草莓 | 4 颗 |
|---|---|---|---|---|---|
| 菠菜 | 80g | 番茄 | 1 个 | 猕猴桃 | 1 个 |
| 豆苗 | 20g | 鸡蛋 | 2 个 | 红茶 | 1 壶 |
| 三色意面 | 100g | 杏子 | 5 个 | | |

**所需调料**

| 海盐 | 适量 |
|---|---|
| 黑胡椒 | 适量 |

**准备工作**

01. 将三色意面放入开水锅中煮 8 分钟；

02. 牛肉片汆水，煮熟；

03. 将菠菜、豆苗洗净；

04. 将番茄洗净，切片；

05. 将鸡蛋打入碗中，待用。

**做　　法**

01. 取一个小锅加半锅水煮开，把碗中的鸡蛋缓缓倒入锅中，不打散，煮成荷包蛋；

02. 用勺子轻轻翻动鸡蛋，防止其粘锅底；

03. 将煮好的意面捞入碗中，把荷包蛋放在面上；

04. 再用煮荷包蛋的水焯菠菜，把焯过的蔬菜和豆苗、番茄、牛肉一起码放在面上；

05. 最后倒入一点点开水，加适量海盐和胡椒调味即可；

06. 将杏子、猕猴桃洗净切块，草莓、蓝莓洗净，放入水果碟；

07. 将红茶倒出，搭配饮用。

这是在 30 岁生日当天早上，我给自己做的生日面。

当地超市买不到其他面条，但是有很多种意大利面，我选了一种没有脱水的新鲜宽意面来做。由于没有高汤，整体口感较清淡，如果在家做，意面可以换成荞麦面，汤底可以加少许虾皮来增加鲜味。最后，我把牛肉切成细丝，和面拌匀一起吃。

相信我，减肥不是一时兴起控制饮食，而是一种生活习惯的养成。虽然只用了盐和胡椒调味，但可以吃到食材本身的味道，也是一种享受，不是吗？

在生日那天，我们入住了距离奥克兰南部一百多千米的一个农场。农场附近没有什么景点，住这里的原因是房子和周围的风景都很漂亮。抵达之后才发现，农场在一座不是很高的山顶上，房东夫妇把房子建在风景最好的位置，还在旁边的山坡上放养了很多奶牛。

上山的路两边种满了百子莲，恰逢花开，百子莲和旁边的奶牛、远处的房屋形成了一幅特别美的画。和房东太太聊天才知道，这栋房子是由他们的儿子亲自设计的。设计花了 3 年，建造花了 3 年。客厅和厨房用了大面积的玻璃墙，几乎是 360°的山景房。房子很大，常年只有房东夫妇二人，所以将其中 2 个卧室拿出来做民宿。卧室也使用了落地玻璃门，每天醒来看见的就是 360°的山景，简直是所有人向往的生活。

离民宿 1 小时车程的地方有一个人不多的景点——蓝泉。这里的水从地下渗透到地面，经过层层过滤，需要 50~100 年的时间。它的泉水之所以呈现蓝色，不是含有什么特别的物质，而是因为水的纯度至高，水体极为透明，只对蓝色光有反射。

泉水全年恒温在 11℃。我在这里留下了纪念自己 30 岁的照片。1 年不到的时间，我用一种全新的姿态迎来了"人生 3.0"。

　　一盒三色意面差不多够我和沙拉小姐吃两顿。第二天早上，我用剩下的面条做了一份拌面。房东太太每天早上都会准备一些水果、酸奶和麦片给我们，还有咖啡和果汁。我调了一碗水果沙拉，再搭配一杯煮好的咖啡，真是完美的早餐！

▲　在生日那天，我们入住了一个距　　　　▲　在蓝泉留下纪念自己 30 岁的照片。
　　离奥克兰南部 100 多千米的农场。

在新西兰的皇后镇，有很多极限运动项目可以体验，比如跳伞、蹦极。我选择了不太刺激的滑翔伞。在预定的时候被告知滑翔伞是有体重限制的，最高不能超过100公斤。当日起飞前称了体重，数字被写在了手背上，方便滑翔伞教练参考。当时我就非常非常感慨，如果没有减肥，那我永远也没有机会体验在空中自由飞翔的感觉。

在徒步罗伊峰步道的那天早上，我们在湖边吃了超丰盛的早餐。官方建议徒步时间是 6~8 小时，所以这一天我吃了很多高热量的食物。

如果有想吃的高热量食物，不妨像我一样安排在有大运动量的一天，吃完就有热量消耗，不给多余热量囤积成脂肪的机会。

我准备了一大份牛肉蔬菜乱炖：牛肉切片用酱油、海盐和黑胡椒腌制，蔬菜用南瓜、四季豆、西蓝花和胡萝卜（其实就是当时冰箱里剩下的蔬菜）。把食材都处理成块状，和腌制的牛肉一起拌匀放在铸铁锅里，盖上盖子送入烤箱，以 180℃ 烤 1 个小时。烘烤时间是根据食材的多少来决定的，如果是用 12 厘米的小锅做一人份餐，以 200℃ 烤 30 分钟即可。

我还在超市里采购了一包沙拉叶菜，还有一大份烤肉、烤香肠。主食选择了全麦面包，另外还准备了牛奶和果汁佐餐。草莓、车厘子、杏子、苹果以及煮鸡蛋是下午爬山时候补给用的。这一餐的分量很多，早上没有吃完，刚好可以当作午餐，水果差不多在徒步之前就全部被消灭了。最后登顶时，我们最缺的是水。

新西兰的食材品种非常多，龙虾买回来只要用最简单的烹饪方式——清蒸即可。羊排用蒜粉、芹菜粉、研磨海盐和黑胡椒充分按摩，送入烤箱以 170℃ 烤 2 个小时（具体的时间要根据肉的多少以及厚薄来定，不太能确定的情况下，可以每 30 分钟设置一次，快烤好的时候改成 10 分钟一次，这样就不会烤过头）。

喝酒会影响代谢、抑制肌肉生长、阻碍脂肪燃烧，不过偶尔与朋友聚餐时可以喝少量的葡萄酒，最好不要喝啤酒。

# 在路上，早安日本

在日本的时候，不能自驾，我们经常会受到公共交通的时间限制，早餐时间相对来说也会紧张一些。还好日本的便利店超级多，除了常见的便当、炒面和饭团，还有很多密封包装的小菜在售卖，如果不想吃沙拉，买几种不同口味的小菜搭配，再搭配一份主食和优质的蛋白质就是很丰富的一餐。

上面就是我在便利店搭配出来的一顿早餐，不需要花很多时间，只需要煎一下三文鱼和虾就好。

瘦下来以后，我在日本看樱花的时候，一时没有控制住压抑了30年的"洪荒之力"，在东京狂购了19件衣服。

另外一个变化是，我不再惧怕镜头，因为相机抓拍下来的瞬间，不再是"辣眼睛"的画面。我慢慢开始理解为什么那么多姑娘喜欢拍照，也开始享受拍照的乐趣。

去日本看樱花。▶

胖的时候，连喜欢一个人的勇气都没有。觉得别人那么优秀，自己却这么糟糕，凭什么喜欢别人？

胖的时候，不敢和别人聊关于爱情的话题，怕被嘲笑，"这么胖，谁会喜欢你？"

胖的时候，感觉自己做的一切都是错的，瘦瘦的女生吃很多会被说自然不做作，而我只是坐在那里吃饭，都会被侧目。

胖的时候，我像个汉子。瘦瘦的女生提重物还没喊累就会有人抢着帮忙，我提重物却从来无人问津，"胖子有劲"应该是所有人对胖子的固有印象吧。

在减肥之前，虽然也有过喜欢的人，但我从来不敢奢望爱情会发生在我身上，因为我觉得自己不配。

在日本的时候，还有一个小小的插曲。

大家还记得我在前面说过，曾经用 21 天减肥法，不惜搞坏身体也要减掉肥肉，就为了跟自己喜欢的男生表白的故事吗？没错，表白失败了。男生离开了武汉，9 年时间，我再没对别的男生心动过。

减掉 50 公斤后，我去日本旅游，通过朋友圈发现他也在日本，巧合的是，我们都在大阪。我想象过无数次瘦下来再见到他的场景，但现实就是来得那么突然，没有任何准备。

时隔 9 年，我们在大阪"偶遇"。虽然还没有减到理想的体重，但我已经有了足够的自信，与他见面前的那一刻，我依然有种怦然心动的美妙感觉。

我要感谢自己的觉醒和努力，在多年之后的异国街头遇见男神，为自己的人生留下一抹难忘的回忆。我有勇气见他，对我来说，已经是胜利。

◀ 瘦下来的我，走在去见男神的路上。

# 感恩现在的生活

减肥是为了遇见更好的自己，我喜欢画画、旅行、摄影、下厨，为什么不将这些生活美学融合在一起呢？所以我后来把手绘工作室转型成了生活美学分享平台。我重新装修了工作室，设计了一个 4 米长的中岛，开始研究健康饮食的生活方式。每去一个国家，我就会接触和认识新的食材，学习不同的烹饪方式。我希望自己瘦下来的经验可以帮助到每一位胖友，也想让大家对减脂餐的印象不只局限在"吃草"。

▲ 我在新工作室工作。

▲ 上课时的我。

身边经常有朋友说，我的减肥过程很励志，让他们非常受鼓舞。我的朋友圈里也有很多人开始坚持吃健康早餐，并发朋友圈打卡。通过这次减肥经历，我结识了形形色色的人，这也是我收获的喜悦之一。此外，我还要感谢我的妈妈，虽然是她的溺爱让我越来越胖，但是 18 岁之后的人生中，她一直都鼓励我做自己想做的事情，不管是创业还是四处旅行。

在减肥的这两年，我对于食材的认知刚开始时非常刻板，对于采购食材的种类也是颇多限制，比如一顿饭只要 200 克蔬菜，虽然可以买 500 克，吃一部分存一部分，但还是多亏有妈妈这样的菜市场老江湖，经常可以按照我的要求买回一丁点的菜。后来我学会了如何正确地冷藏各种蔬菜，但妈妈还是坚持每天买新鲜的菜给我。

还有沙拉小姐，在我人生最无助和迷茫的时候，是她帮助和引导我找回积极的人生。沙拉小姐在自己的工作领域特别拼，我经常在觉得很苦的时候去找她聊天给自己打鸡血。人生难得一知己，沙拉小姐就是其中一位。

　　最后，我想跟所有在和肥胖抗争的"胖友"说，减肥为什么很难，是因为人性本来就是好逸恶劳的，虽然爱美是人的天性，但是追求任何美好事物的过程，本身就不容易。请相信自己，因为只有我们自己可以改变自己。

# 吃 66 老师的减脂餐，"懒癌"都瘦出马甲线了

**/ 郭晓倩**

我是 66 老师的学员郭晓倩，福建漳州人。我的职业是一名建筑设计师。大家都知道设计师的工作状态就是手不离鼠标，屁股不离椅子，基本上能站起来活动的时间只有如厕时间，更别提运动了。

我是一个名副其实的吃货，几乎把我所在城市的美食吃了个遍，并且我还爱自己动手做美食，会想办法把吃过的美食挖掘出配方，再自己实践。本来我就不算是易瘦体质，在美食的"狂轰滥炸"下，自然就变得圆润起来。

其实在接触 66 老师的减脂餐课程之前，我自己也曾请教过做营养餐的人士。但是呢，她们的餐让我看着既没食欲也吃不饱。而且对方讲完以后，我还是不知道自己到底应该吃多少，对热量摄入完全没概念。

最爱吃甜品的我，以前是很多甜品店的 VIP，我可以一个人吃下一整个六寸蛋糕，特别是有芋泥、杧果、榴梿夹心口味的甜品，我完全无法抗拒，会通通将其塞进我那强大的胃中。

每次吃完我都会对自己说一句："今天是最后一次这样吃了，明天开始我一定要控制了，不能再这么吃了……"结果呢？到吃的时候就"爱谁谁"了，曾经的话都成为过往云烟，跟我没有关系了。我还曾经用过各种牌子的减肥产品，结果是反弹得比之前更厉害了！

可能是老天不忍心我这么自虐，也可能实在看不下去了，让我在朋友圈看到了朋友转发的 66 老师的课程。听了第一课就发现，原来我可以吃喜欢的甜品，只要调整做法以及用量，完全可以边减肥边满足自己的胃口！瞬间我感觉得到了全世界，二话不说地开始执行起教程！

第一天开始做减脂餐的时候，刚做完就流口水了，我想到了之前别人介绍的毫无胃口的减脂餐，真的感慨它们完全不在一个级别上。66老师的减脂餐很好吃，并且能吃饱，甚至我都担心会吃不完。66老师是真牛！

　　后来的几天我迅速适应了吃减脂餐的生活，每天都在吃新鲜而又不同的食物，心情特别满足舒畅，看着自己的小肚腩一天天小了，高兴得飞起！

　　我以前根本不知道荞麦面是什么，更是没有吃过；以前每次买菜都会买多，不知道怎样做才不浪费。这些问题在66老师的课程里都得到了解答，我学到了聪明的解决办法。比如冷冻分装，可以完美避免浪费又能吃到丰富的食材，也了解了很多以前没接触过的健康食材，对食物营养有了初步认识。

　　我每天还会在学习课程的瘦身群里分享减脂餐，特别喜欢和群里小伙伴们一起努力的感觉，慢慢地，健康的饮食方式成了我的生活习惯。

现在一看到外面的某些食物，我的第一反应就是：好油腻，没胃口，吃下去的都是脂肪呢，甚至看到自己曾经最爱的甜品时，我也不像以前那样迫不及待地想上去咬它了！

　　现在的我感觉自己特别健康清爽，完全不是以前油腻腻的自己，不仅 BMI 从 21 降到了 19.5，皮肤状态也变好了很多。偷偷告诉大家，以前的我可是满脸痘痘呢。跟着 66 老师吃减脂餐，我学到了西芹是超级好的食材，不仅可以治便秘，还能让我的痘痘消失。

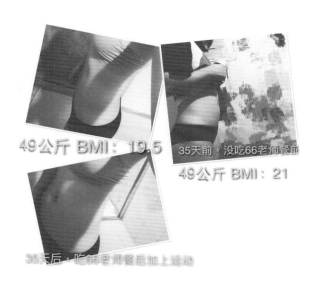

　　在 66 老师的提醒下，我现在要求自己每天必须喝 2 升水，以加速身体的新陈代谢，从而达到自己想要的减重目标和更好的皮肤状态！

　　现在的我正在努力将自己的小肚腩练成"男人看了养眼，女人看了羡慕"的马甲线，再把自己不太满意的粗腿练紧实！

　　好了，就说到这里吧，感觉自己的感悟都差不多分享光啦！想瘦的小伙伴们，赶紧行动起来吧！我们一起"管住嘴，迈开腿"！

学员故事二

## 3个月减掉7公斤, 单亲妈妈迎来了甜蜜的爱情

/ Sophia（索菲亚）

我是Sophia（索菲亚），来自上海，从事金融行业，34岁。减肥这条路，我已经走了很多年了，比走过的套路还长。

体重最高峰的时候，我曾经达到65公斤，可那会儿还不觉得自己有多胖，只有每次去买衣服的时候才意识到这个问题。

不知道听谁说跑步能减肥，一开始我一千米都跑不到就开始气喘吁吁，到后面已经能轻松地跑七八千米。坚持了一年多，体重终于下降到57.5公斤，天知道那一年我是怎么坚持下来的！

但是，之后体重就没有太大变化了……

2018年4月初，我无意中在公众号关注到66老师的课程，上面说照着吃就能瘦。尽管我认为自己的饮食还算健康，但在想要变美的欲望驱动下，我毫不犹豫地购买了套餐！

于是认真做好攻略，开始准备减脂餐的材料。2018年4月14日，是我践行14天减脂餐的第一天。一开始我还担心无油烹饪会对身体不好，但显然是多虑了。

66老师搭配的减脂餐营养丰富，完全可以满足我们身体的营养需求，很容易有饱腹感，更没有头晕乏力等现象。

甚至我的直接领导请吃饭，我都坚持带上我的减脂餐。

14天的时间很快过去了，减得不算特别多，掉了2.5公斤，但是整个人的精神状态完全不一样了，明显感觉自己神清气爽。我个人已经很满意啦，谁让我并没有严格按照要求来吃呢？

▲ 鼓起勇气先上一张最胖时期的照片给你们瞅瞅。

之后，我又买了66老师的21天日常减脂餐，体重从57.5公斤直减到50.2公斤。

哪怕是天天见面的同事也会惊呼我每天的变化。

去年买的衣服现在全部大了，我也终于如愿以偿地穿上了我最喜欢的旗袍，毕竟旗袍是需要前凸后翘的身材才能穿得出来。这个过程我的心情一直是很愉快的。因为会发现自己每天都有变化，不管是精神状态还是体重，整个腰围瘦了一圈，马甲线也若隐若现了。

偷偷地告诉大家一个小秘密，我是一个单亲妈妈，我的女儿已经10岁了，身高已经超过了我，现在根本没人看得出来我有个10岁的娃。我又找到了新的爱情，十月份就要拍婚纱照啦。

再次谢谢66老师，也祝愿所有的小伙伴，能努力成为最美的自己，遇见那个可以共赴一生的人。

# 从M号，走进S号

/ 清心雅骨

大家好，我是清心雅骨 /Ly（网名），一名驰骋健身房 6 年的急诊科美小护。写作、健身是我人生的两大重头戏。由于工作的特殊性，我早早就感悟到生命的无奈与不易。因此，保持运动与健康饮食在我看来都很重要，我也乐于徜徉在厨房间研究各种好吃不胖的美食。

减肥已然成了如今男女老少的日常话题，我也不例外。各种减肥的坑我掉了不少，但自始至终都秉承一个原则——决不吃药及动刀。

所以，当土豪们把钱花在各种减肥产品、豪华神器上时，我依然执着地坚守在饮食与健身这两大基石之上，宁愿花钱办健身卡，花钱买各种不算便宜的锅碗瓢盆。

我的人生有两大目标：坚持运动，将来不做松垮的老太太；坚持写字，把生活变成一个个有趣的故事。意料之外、情理之中，我遇到了 66 老师的课程，感觉人生在这一刻的拐角，开启了新大门。

过去我一直以为减肥的原则是"三分吃，七分练"，直到上了 66 老师的课程才意识到：我的天哪，原来应该是"三分练，七分吃"，敢情我前五六年在健身房都瞎混了——那些顽固存活在我身体各个角落的脂肪，依然每天在肆无忌惮地生生不息。

真的下定决心减肥还要从好朋友的婚礼开始说起。

自从被邀请去当伴娘，我便日日琢磨着：新娘可是白富美啊，那作为伴娘，是不是不能太煞婚礼的风景呢？变白，两三个月是不可能的，减个肥总还是咬咬牙能做到吧，不至于到时候黑胖黑胖地出现在一对新人面前。

　　然而，跟被下了诅咒似的，自从心里默念三遍要开始减肥之后，胃口是出奇的好，只要是能吃的，不论酸甜苦辣咸还是半生不熟油腻不堪的，我都超有欲望往嘴巴里塞。

　　出来混，总是要还的。所以，当闺密婚期来临，我不仅没有瘦到理想的体重，还一口气吃到了差不多五十……五十……五十六公斤（内心在流泪，体重是一个姑娘最大的秘密，我咬牙切齿地说出了这个数据）。

　　伴娘之旅结束后，我立马翻看买了好久，却一直懒得操作的66老师的减脂课程。

　　已经记不清一开始的心情是期待、难挨、平淡、欢呼雀跃还是叫苦不迭了。反正，到最后结束的时候我的内心独白是：哎哟，感觉还不错哦，竟然没有天天挨饿的感觉。

　　我承认，我是那种没有严格按照老师食谱执行的人，曾偷偷吃垃圾食品啦。可是，14天我的体重就下降了3公斤哦，那时我的内心是无比愉悦的。

　　最后，以一段冯唐的话结束本文，愿你我共勉。

　　"日复一日地上班下班，感觉自己原地转圈，世界无聊静止。但是一些小事物提醒你世界其实是运动的，比如银行里逐渐减少的存款，比如脸皮上逐渐张大的毛孔，比如脑海里逐渐黯淡的才气，比如心中逐渐模糊不清的一张张老情人的面孔和姓名。其实自己是在原地下坠，世界无情运动。"

扫描二维码
请66老师指导健康瘦身。

# 附录 2：常见食物能量表

（以每 100 克可食部计）

## 谷类及制品

| 类别 | 食物名称 | 水分 /g | 能量 /kcal | 蛋白质 /g | 脂肪 /g | 碳水化合物 /g | 不溶性纤维 /g |
|------|---------|---------|-----------|-----------|---------|--------------|---------------|
| 小麦 | 小麦 | 10.0 | 339 | 11.9 | 1.3 | 75.2 | 10.8 |
|      | 小麦粉 | 12.7 | 349 | 11.2 | 1.5 | 73.6 | 2.1 |
|      | 麸皮 | 14.5 | 282 | 15.8 | 4.0 | 61.4 | 31.3 |
|      | 挂面 | 12.3 | 348 | 10.3 | 0.6 | 75.6 | 0.7 |
|      | 面条 | 28.5 | 286 | 8.3 | 0.7 | 61.9 | 0.8 |
|      | 馒头 | 43.9 | 223 | 7.0 | 1.1 | 47.0 | 1.3 |
|      | 油饼 | 24.8 | 403 | 7.9 | 22.9 | 42.4 | 2.0 |
|      | 油面筋 | 7.1 | 493 | 26.9 | 25.1 | 40.4 | 1.3 |
| 稻米 | 稻米 | 13.3 | 347 | 7.4 | 0.8 | 77.9 | 0.7 |
|      | 黑米 | 14.3 | 341 | 9.4 | 2.5 | 72.2 | 3.9 |
| 玉米 | 玉米（鲜） | 71.3 | 112 | 4.0 | 1.2 | 22.8 | 2.9 |
| 其他 | 高粱米 | 10.3 | 360 | 10.4 | 3.1 | 74.7 | 4.3 |

## 薯类、淀粉及其制品

| 类别 | 食物名称 | 水分 /g | 能量 /kcal | 蛋白质 /g | 脂肪 /g | 碳水化合物 /g | 不溶性纤维 /g |
|------|---------|---------|-----------|-----------|---------|--------------|---------------|
| 薯类 | 马铃薯 | 79.8 | 77 | 2.0 | 0.2 | 17.2 | 0.7 |
|      | 甘薯 | 72.6 | 106 | 1.4 | 0.2 | 25.2 | 1.0 |
| 淀粉类 | 粉丝 | 15.0 | 338 | 0.8 | 0.2 | 83.7 | 1.1 |

## 干豆类及其制品

| 类别 | 食物名称 | 水分 /g | 能量 /kcal | 蛋白质 /g | 脂肪 /g | 碳水化合物 /g | 不溶性纤维 /g |
|------|---------|---------|-----------|-----------|---------|--------------|---------------|
| 大豆 | 黄豆 | 10.2 | 390 | 35.0 | 16.0 | 34.2 | 15.5 |
|      | 豆腐 | 89.2 | 50 | 5.0 | 1.9 | 3.3 | 0.4 |
|      | 豆浆 | 96.4 | 16 | 1.8 | 0.7 | 1.1 | 1.1 |

## 蔬菜类及其制品

| 类别 | 食物名称 | 水分 /g | 能量 /kcal | 蛋白质 /g | 脂肪 /g | 碳水化合物 /g | 不溶性纤维 /g |
|------|---------|---------|-----------|-----------|---------|--------------|---------------|
| 根菜类 | 胡萝卜 | 87.4 | 46 | 1.4 | 0.2 | 10.2 | 1.3 |
| 鲜豆类 | 荷兰豆 | 91.9 | 30 | 2.5 | 0.3 | 4.9 | 1.4 |
|      | 四季豆 | 91.3 | 31 | 2.0 | 0.4 | 5.7 | 1.5 |
|      | 豇豆 | 90.3 | 33 | 2.9 | 0.3 | 5.9 | 2.3 |
|      | 黄豆芽 | 88.8 | 47 | 4.5 | 1.6 | 4.5 | 1.5 |
|      | 绿豆芽 | 94.6 | 19 | 2.1 | 0.1 | 2.9 | 0.8 |
| 茄果 / 瓜菜类 | 茄子 | 93.4 | 23 | 1.1 | 0.2 | 4.9 | 1.3 |
|      | 番茄 | 94.4 | 20 | 0.9 | 0.2 | 4.0 | 0.5 |
|      | 辣椒 | 91.9 | 27 | 1.4 | 0.3 | 5.8 | 2.1 |
|      | 秋葵 | 86.2 | 45 | 2.0 | 0.1 | 11.0 | 3.9 |
|      | 冬瓜 | 96.6 | 12 | 0.4 | 0.2 | 2.6 | 0.7 |
|      | 葫芦 | 95.3 | 16 | 0.7 | 0.1 | 3.5 | 0.8 |

续表:

| 类别 | 食物名称 | 水分 /g | 能量 /kcal | 蛋白质 /g | 脂肪 /g | 碳水化合物 /g | 不溶性纤维 /g |
|---|---|---|---|---|---|---|---|
| | 苦瓜 | 93.4 | 22 | 1.0 | 0.1 | 4.9 | 1.4 |
| | 南瓜 | 93.5 | 23 | 0.7 | 0.1 | 5.3 | 0.8 |
| | 丝瓜 | 94.3 | 21 | 1.0 | 0.2 | 4.2 | 0.6 |
| 葱蒜类 | 洋葱 | 89.2 | 40 | 1.1 | 0.2 | 9.0 | 0.9 |
| 嫩茎 / 叶 / 花菜类 | 大白菜 | 94.6 | 18 | 1.5 | 0.1 | 3.2 | 0.8 |
| | 小白菜 | 94.5 | 17 | 1.5 | 0.3 | 2.7 | 1.1 |
| | 油菜 | 92.9 | 25 | 1.8 | 0.5. | 3.8 | 1.1 |
| | 西蓝花 | 90.3 | 36 | 4.1 | 0.6 | 4.3 | 1.6 |
| | 菠菜 | 91.2 | 28 | 2.6 | 0.3 | 4.5 | 1.7 |
| | 芹菜 | 94.2 | 17 | 0.8 | 0.1 | 3.9 | 1.4 |
| | 苋菜 | 88.8 | 35 | 2.8 | 0.4 | 5.9 | 1.8 |

## 菌藻类

| 类别 | 食物名称 | 水分 /g | 能量 /kcal | 蛋白质 /g | 脂肪 /g | 碳水化合物 /g | 不溶性纤维 /g |
|---|---|---|---|---|---|---|---|
| 菌类 | 金针菇 | 90.2 | 32 | 2.4 | 0.4 | 6.0 | 2.7 |
| | 口蘑 | 9.2 | 277 | 38.7 | 3.3 | 31.6 | 17.2 |
| | 蘑菇（鲜） | 92.4 | 24 | 2.7 | 0.1 | 4.1 | 2.1 |
| | 木耳（水发） | 91.8 | 27 | 1.5 | 0.2 | 6.0 | 2.6 |
| | 香菇 | 91.7 | 26 | 2.2 | 0.3 | 5.2 | 3.3 |
| 藻类 | 海带（干） | 70.5 | 90 | 1.8 | 0.1 | 23.4 | 6.1 |
| | 紫菜（干） | 12.7 | 250 | 26.7 | 1.1 | 44.1 | 21.6 |

## 水果类及其制品

| 类别 | 食物名称 | 水分 /g | 能量 /kcal | 蛋白质 /g | 脂肪 /g | 碳水化合物 /g | 不溶性纤维 /g |
|---|---|---|---|---|---|---|---|
| 仁果类 | 红富士苹果 | 86.9 | 49 | 0.7 | 0.4 | 11.7 | 2.1 |
| | 雪梨 | 78.3 | 79 | 0.9 | 0.1 | 20.2 | 3.0 |
| 核果类 | 桃 | 86.4 | 51 | 0.9 | 0.1 | 12.2 | 1.3 |
| | 杏 | 89.4 | 38 | 0.9 | 0.1 | 9.1 | 1.3 |
| | 枣（干） | 26.9 | 276 | 3.2 | 0.5 | 67.8 | 6.2 |
| | 樱桃 | 88.0 | 46 | 1.1 | 0.2 | 10.2 | 0.3 |
| 浆果类 | 巨峰葡萄 | 87.0 | 51 | 0.4 | 0.2 | 12.0 | 0.4 |
| | 无花果 | 81.3 | 65 | 1.5 | 0.1 | 16.0 | 3.0 |
| | 草莓 | 91.3 | 32 | 1.0 | 0.2 | 7.1 | 1.1 |
| 柑橘类 | 橙 | 87.4 | 48 | 0.8 | 0.2 | 11.1 | 0.6 |
| 热带 / 亚热带水果 | 香蕉 | 75.8 | 93 | 1.4 | 0.2 | 22.0 | 1.2 |

## 坚果种子类

| 类别 | 食物名称 | 水分 /g | 能量 /kcal | 蛋白质 /g | 脂肪 /g | 碳水化合物 /g | 不溶性纤维 /g |
|---|---|---|---|---|---|---|---|
| 树坚果 | 核桃 | 5.2 | 646 | 14.9 | 58.8 | 19.1 | 9.5 |
| | 栗子（熟） | 46.6 | 214 | 4.8 | 1.5 | 46.0 | 1.2 |
| | 杏仁（烤干、不加盐） | 2.6 | 617 | 22.1 | 52.8 | 19.3 | 11.8 |
| | 腰果 | 2.4 | 559 | 17.3 | 36.7 | 41.6 | 3.6 |
| 种子 | 花生仁 | 1.8 | 589 | 23.9 | 44.4 | 25.7 | 4.3 |

## 畜肉类及其制品

| 类别 | 食物名称 | 水分 /g | 能量 /kcal | 蛋白质 /g | 脂肪 /g | 碳水化合物 /g | 不溶性纤维 /g |
|---|---|---|---|---|---|---|---|
| 猪 | 猪肉（里脊） | 70.3 | 155 | 20.2 | 7.9 | 0.7 | – |
|  | 猪蹄 | 58.2 | 260 | 22.6 | 18.8 | 0 | – |
| 牛 | 牛肉（瘦） | 75.2 | 106 | 20.2 | 2.3 | 1.2 | – |
| 羊 | 羊肉（瘦） | 74.2 | 118 | 20.5 | 3.9 | 0.2 | – |
| 驴 | 驴肉（瘦） | 73.8 | 116 | 21.5 | 3.2 | 0.4 | – |
| 其他 | 兔肉 | 76.2 | 102 | 19.7 | 2.2 | 0.9 | – |

## 禽肉类及其制品

| 类别 | 食物名称 | 水分 /g | 能量 /kcal | 蛋白质 /g | 脂肪 /g | 碳水化合物 /g | 不溶性纤维 /g |
|---|---|---|---|---|---|---|---|
| 鸡 | 鸡胸脯肉 | 72.0 | 133 | 19.4 | 5.0 | 2.5 | – |
| 鸭 | 鸭胸脯肉 | 78.6 | 90 | 15.0 | 1.5 | 4.0 | – |

## 乳类及其制品

| 类别 | 食物名称 | 水分 /g | 能量 /kcal | 蛋白质 /g | 脂肪 /g | 碳水化合物 /g | 不溶性纤维 /g |
|---|---|---|---|---|---|---|---|
| 液态乳 | 牛乳 | 89.8 | 54 | 3.0 | 3.2 | 3.4 | – |
| 酸奶 | 酸奶 | 84.7 | 72 | 2.5 | 2.7 | 9.3 | – |

## 蛋类及其制品

| 类别 | 食物名称 | 水分 /g | 能量 /kcal | 蛋白质 /g | 脂肪 /g | 碳水化合物 /g | 不溶性纤维 /g |
|---|---|---|---|---|---|---|---|
| 鸡蛋 | 鸡蛋 | 74.1 | 144 | 13.3 | 8.8 | 2.8 | – |
|  | 鸡蛋白 | 84.4 | 60 | 11.6 | 0.1 | 3.1 | – |
|  | 鸡蛋黄 | 51.5 | 328 | 15.2 | 28.2 | 3.4 | – |
| 鹌鹑蛋 | 鹌鹑蛋 | 73.0 | 160 | 12.8 | 11.1 | 2.1 | – |

## 水产类

| 类别 | 食物名称 | 水分 /g | 能量 /kcal | 蛋白质 /g | 脂肪 /g | 碳水化合物 /g | 不溶性纤维 /g |
|---|---|---|---|---|---|---|---|
| 鱼 | 鲫鱼 | 75.4 | 108 | 17.1 | 2.7 | 3.8 | – |
|  | 鳜鱼 | 74.5 | 117 | 19.9 | 4.2 | 0 | – |
|  | 黄鱼 | 77.9 | 99 | 17.9 | 3.0 | 0.1 | – |
|  | 鲈鱼 | 76.5 | 105 | 18.6 | 3.4 | 0 | – |
| 虾 | 海虾 | 79.3 | 79 | 16.8 | 0.6 | 1.5 | – |
|  | 河虾 | 78.1 | 87 | 16.4 | 2.4 | 0 | – |
|  | 基围虾 | 75.2 | 101 | 18.2 | 1.4 | 3.9 | – |
|  | 虾皮 | 42.4 | 153 | 30.7 | 2.2 | 2.5 | – |
| 蟹 | 海蟹 | 77.1 | 95 | 13.8 | 2.3 | 4.7 | – |
|  | 河蟹 | 75.8 | 103 | 17.5 | 2.6 | 2.3 | – |
| 贝 | 鲍鱼（干） | 18.3 | 322 | 54.1 | 5.6 | 13.7 | – |
|  | 蛏子 | 88.4 | 40 | 7.3 | 0.3 | 2.1 | – |
|  | 生蚝 | 87.1 | 57 | 10.9 | 1.5 | 0 | – |
|  | 花蛤蜊 | 87.2 | 45 | 7.7 | 0.6 | 2.2 | – |
| 其他 | 墨鱼 | 79.2 | 83 | 15.2 | 0.9 | 3.4 | – |
|  | 乌鱼蛋 | 85.3 | 66 | 14.1 | 1.1 | 0 | – |

\* 以上数据参考图书：《中国食物成分表》( 第 2 版 )( 北京大学医学出版社 )